城 市 规 划
理 论 · 设 计 读 本

人的城市

安 全 与 舒 适 的 环 境 设 计

【日】大野隆造　小林美纪　著

余 漾 尹 庆 译

袁逸倩 校

中国建筑工业出版社

著作权合同登记图字：01—2013—8023号

图书在版编目（CIP）数据

人的城市　安全与舒适的环境设计／（日）大野隆造，小林美纪著；余漾，尹庆译. —北京：中国建筑工业出版社，2015.3

（城市规划理论·设计读本）

ISBN 978-7-112-17815-5

Ⅰ.①人… Ⅱ.①大…②小…③余…④尹… Ⅲ.①城市规划–建筑设计 Ⅳ.①TU984

中国版本图书馆CIP数据核字（2015）第035084号

Japanese title:『人間都市学』
Copyright © 大野隆造·小林美紀
Original Japanese language edition
Published by Inoueshoin Publishing Co., Ltd.,Tokyo, Japan
本书由日本井上书院授权我社独家翻译、出版、发行。

责任编辑：刘　静　刘文昕
责任设计：董建平
责任校对：李美娜　姜小莲

城市规划理论·设计读本

人的城市　安全与舒适的环境设计
[日]大野隆造　小林美纪　著
余　漾　尹　庆　译
袁逸倩　校
＊

中国建筑工业出版社出版、发行（北京西郊百万庄）
各地新华书店、建筑书店经销
北京锋尚制版有限公司制版
北京缤索印刷有限公司印刷
＊

开本：880×1230毫米　1/32　印张：3¼　字数：120千字
2015年6月第一版　2015年6月第一次印刷
定价：36.00元
ISBN 978 – 7 – 112 – 17815 – 5
（27049）

前　言

　　本书首先对构成世界各地城市魅力的因素进行了区分，在此基础上，对我们日常生活中的城市体验进行了分析，这些体验包括观看、感知、游览、认识，以及对城市的喜爱。其次说明了如何协调生活在同一城市空间的人与人之间的关系，并防止犯罪和灾害的发生，从而建设可以让人们安心生活的安全城市。最后阐述了适合各类人群共同居住的城市环境设计应具备的条件。

　　本书以较宽范围的读者为对象，不仅仅面向城市和建筑设计专家。作者试图通过照片和图片说明具体事例，并用尽可能通俗易懂的方式进行表达。

　　首先是那些今后将要选择城市或建筑设计专业进行学习的人们。在规划和设计城市和建筑时，需要了解实际使用者会怎样感受空间，如何在此活动，也就是运用所谓环境行为心理研究的基本知识。另外，对于已经工作的人来说，这本书的内容也适用于需要重新确认使用者的心理和行为的场合。

　　其次是那些对自己身边的城市环境感兴趣，想要重新认识其魅力所在，同时作为使用者想更好地利用和感受环境的人们。特别是不满足于电视、互联网等占据我们大量时间的虚拟空间体验，而是想珍惜眼前真实的城市空间体验的人们。例如无意中从环境获得的信息，以及与他人共用有限空间时的心理活动等。我们可以通过理解这些内容，更加深刻地体验城市空间。

　　再次是从事城市生活环境相关教育工作、面对着儿童和学生的人们。为了引导孩子们做出适当的行为，让他们理解环境的布置方式与灾害及犯罪之间的关系是非常必要的。另外，对于城市的美观程度和舒适程度等环境品质而言，如果城市居民都没有意识，即使专家们再努力也很难得到提高。实际上，欧美城市居民往往对自己居住的城市、建筑关注程度非常高，对此他们会有自己的意见和想法。将来，如果我们想把自己城市的环境建设得美观、安全而又舒适，需要市民们自己的智慧，懂得在恰当的时刻采取恰当的行为。为了培养出这样的市民，作为教育者也需要有适当的准备。要说明的是，本书中的图片大部分是作者原创，如果需要将其用于教育用途，我们很乐意提供。

最后，在本书从编辑到出版的过程中，得到了井上书院石川泰章先生、山中玲子女士的大力协助，在此表示衷心的感谢。

大野隆造　小林美纪
2011 年 9 月

目　录

威尼斯 / 意大利

1. 构成

城市的形成

参观一座城市并被其魅力所吸引，也许就是由于在此发现了其他城市所没有的特征吧。这些特征可能是与地形等周围环境相适应，并随人类长时间的活动而形成的城市空间，也可能是人们在这样的城市空间中延续至今的生活百态。本章将根据形成独特城市魅力的主要条件来介绍世界城市，探索人们在游览城市过程中所体会到的魅力来自何处。

■ 水之城

世界上的主要城市往往是在河流的入海口附近，或沿大型湖泊、河流而建。这样不仅可以确保市民的饮用水，而且在陆路搬运物资不便的时代，将贸易城市建在利于水运的地理位置会便于运输。从这个意义上来说，水与哪个城市都是有缘的。然而，拥有亲水空间，并且可以让市民直接体验滨水地区*的城市是有限的。由于水边会被工厂和仓库所占据，一般市民很难接近。但是，进入后工业化的城市正在逐渐形成亲水空间。水上城市由于从水上望去没有遮蔽物，很容易留下城市的整体印象。对于坐船首次参观这座城市的旅行者来说，这将是一次与城市的难忘的相遇。

说到水城，人们马上会想到意大利的威尼斯。威尼斯是居民们为了躲避北方日耳曼民族的入侵而建造的水上都市，是在亚德里亚海的浅海滩打入木桩建成的人工岛。威尼斯最大的魅力在于没有一辆汽车，可以让人们充分享受没有汽车的街路空间。看来它不仅在建设当初抵御了外敌入侵，现在还成功抵御了各个城市都饱受影响的汽车入侵。在位于城市中心的圣马可广场，看到圣马可教堂后向右转，便可以看到面朝大海（其实是大运河）张开双臂的广场。

威尼斯圣马可广场

---

　　* 滨水地区（waterfront）：水边的码头区。如东京的天王洲岛及神户临海广场，曾经是仓库及工业区域。后经过再次开发，改造成了可以让人们看到运河和海岸的商场、公园等场所，逐渐转变为家庭聚会和年轻人聚集的繁华的亲水空间。

　　并非只是威尼斯，从意大利的城市上空看下去，都可以看到由瓦片屋顶构成的城市肌理*，在其中还有仿佛突然凹陷下去的广场。这种广场虽然实际上是在室外，然而由于四面被建筑物环绕，带给人们内部空间般的稳定感，因而被人们喻为"城市的起居室"。

　　澳大利亚的城市悉尼，在悉尼歌剧院建成之前并不是非常有名。然而当悉尼歌剧院建成之后，因其颇具独创的外形，从海上望去会让人联想起帆船，它才作为世界人民对悉尼共通的印象而定格。这座建筑来自于建筑家伍重的设计，他的方案虽然在国际建筑设计竞赛中中标，然而由于混凝土薄壳结构施工困难，工期被迫延长了10年，实际总工程费甚至比当初预定额高出14倍以上，最终克服了众多困难才得以建成。它一经建成便闻名世界，2007年申报成为世界遗产，是申报的建筑物中建成年代最近的。几经曲折而建成的这座歌剧院不仅对悉尼，而且对整个澳大利亚的形象提升作出了重大贡献，所以就其结果而言，这些努力都是值得的。

　　香港的湾仔区曾经可以见到比较多的水上生活。照片②③摄于1989年，那时居民们正处于因政府的政策调控被转移至山丘上高层住宅的过渡期。这些水上生活的情景作为水上城市的特征之一正在逐渐消失。

悉尼歌剧院（①），香港的湾仔地区（②③）

---

* 城市肌理（urban texture）：从山丘上部或高层建筑顶端等比较高的视点俯瞰城市时，抑或沿着街道移动视点观看一连串的建筑群立面（建筑正面）时，在视觉上组成的肌理（波动）。

■ 山之城

山城在具有防御外敌侵略的优点的同时也有交通不便的缺点，但因为行走在起伏多的街道上可以有丰富的体验，对于参观者来说则是一种魅力所在。

在意大利中部的丘陵地带，散布着一些小规模的中世纪城市。托斯卡纳州的锡耶纳曾是繁荣的金融城市，田野广场（坎波广场）位于有高塔的市政厅前。它就像一面以市政厅入口为扇轴的扇子那样张开着。每年夏天举办锡耶纳（Palio）裸马竞技的时候，这里便成为临时的赛马场。这里的赛马节以市内17家居民自治组织*间的竞赛而闻名。每年在准备赛马节的过程中，人们对于自治组织的归属意识得到提高，并由此维护了社区里友好互助的秩序。位于锡耶纳市西北方向35公里的圣吉米亚诺是座山丘上的城市，它以拥有众多烽火台般的石塔而著称。据说那里曾经有多达72座石塔，但现在只剩下了7座。登上石塔，便可以看到眼下如攀附在丘陵上一般高低起伏的房屋。那些屋顶上看似一致的浅褐色瓦片，每一片的色彩却有着微妙的变化，更加深了那片肌理的韵味。位于托斯卡纳州东侧的翁布里亚建在山丘之上，从山脚下向上眺望山上的圣·佛朗切斯科圣殿，会对它的宏伟雄姿留下深刻印象。走入那里的城市，漫步在细长弯曲的街道上，虽然会有如同迷宫般的封闭感，但时而在视线畅通处，会眺望到远山的美景，给人带来一种愉悦的体验。

锡耶纳的坎波广场（①），圣吉米亚诺的石塔（②），阿西西市的圣方济各圣殿（③）

---

* 锡耶纳居民自治组织（Contrada）：从中世纪持续至今的意大利锡耶纳特有的区域自治体。这里居民团结，也被称作地方自治团体的典范。每个居民区有各自的广场、教堂及集会所等作为当地儿童学习、娱乐的地方，同时也是几代人交流的场所。

位于西班牙南部安达卢西亚州面向地中海的地区被称作太阳海岸（Costa del Sol），是知名的度假胜地。位于半山腰的"白色小镇"米哈斯，因可以在那里俯瞰太阳海岸而为人所知，成为这个地区的观光热点。阳光下耀眼的白色墙面衬托着盆栽花草和树木，显得尤为美丽。当地居民的这样一个"溢出"行为，把原本有些单调的白色街景，转变为十分亲切的空间。这座小城从小山谷底部向山上蔓延，因而可以在一侧的山坡上眺望对面的白色房屋。城市之美，正是由于有了可以观赏这些景色的观察点才得以形成。

中国的内陆城市重庆坐落于长江上游。那里是扬子江和嘉陵江汇合的地方，是建造在半岛形状丘陵之上的发达工业城市，也是仅次于北京、上海、天津的中国第四个直辖市。在描绘重庆昔日面貌的水墨画中，我们可以看到依陡峭山坡而建的房屋，及其连接这些房屋之间的楼梯。从下面这张摄于20世纪80年代的照片就可以看出，这幅画绝不夸张。然而，今天重庆的面貌却发生了巨大的变化。呈现在我们面前的是由随处可见的摩天大楼和高速公路组成的现代都市景观（参见26页照片）。从河岸一侧的道路进入建筑，乘坐电梯上到11层，可以方便地到达山崖上部的马路。由于曾经的楼梯妨碍车辆通行，无疑会切断这里的交通网络，所以从无障碍层面上说现在确实有了很大的改进，然而我们不得不承认，重庆已经失去了它曾经作为城市名片的独有的城市景观。

西班牙南部的米哈斯（①②），中国的重庆（③④⑤）

---

* "溢出"：在住宅或店铺的门口朝向街道放置盆栽、广告牌，甚至售卖商品的服务车的情况。在日语中，有时也被称作"表出"。"溢出"行为有时会妨碍行人走动，但住宅区小巷内的摆放物如盆栽等，也起到了促进居民间交流的积极效果。

■ 平原之城

由水构成的城市和由山构成的城市在某种程度上是由海岸、河岸的形状以及山丘的斜面形状等自然条件决定城市形态的。而位于平原的城市大多运用方位、几何学等人为规划的方式决定城市形态。

起源于中国的风水学便是确定城市构成的手段之一。在日本得到发展的家相学，是以风水学为起源的，它在注重方向和方位的含义这一点上与风水学类似。然而风水学主张的不仅是建筑内部配置的吉凶问题，还包括用地范围内及城市设施配置，甚至城市选址等，关系到大范围的城市规划。

风水学的基本理念即是"四象"（四季气象）。从中央向外"左青龙、右白虎、前朱雀、后玄武"，即"北玄武、东青龙、南朱雀、西白虎"。风水四象认为要坚持"左活、右通、前聚、后靠"的原则，即左边有溪水河流，右边要有通畅的道路，前面要有池塘湖泊，后面要有山地丘陵。同时，四象要求坐北朝南。人们认为，都城选址与建设最理想的是选择符合风水四象的场所。据说日本京都（平安京）的选址，也是参考风水四象的结果。

在今日的东京也可以看到如增上寺等几个封锁鬼门的寺院，分别镇守江户城的鬼门和里鬼门*方向。虽然有传入日本之后独自发展的部分，但在江户城建设之时，从地点的选择到设施的配置，都无疑是以风水作为城市规划的参考的。

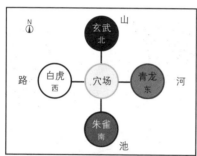

风水四象的对应

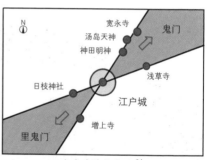

东京寺院的布置[2]

左右对称的故宫 / 北京

美国国家广场 / 华盛顿

中国北京的道路网是整齐的、左右对称的棋盘形状，其中心轴线有着尤其重要的意义。它以历史上明清两朝皇宫的故宫（紫禁城）为中心，由此向南延伸的轴线上设置了多道城门。从故宫北侧的景山公园望去，可以清晰地看到当初所做的左右对称的规划布局。

位于美国首都华盛顿市中心地带的美国国家广场，是连接华盛顿纪念碑和美国国会大厦的绿地广场，两侧还矗立着美国国家美术馆、史密森尼古堡（史密森尼学会总部大楼）等建筑。这样有规划的景观，在华盛顿市成立当初仅仅处于构想阶段，而实际建成则是进入20世纪以后的事情了。

■ 文化都市

佛罗伦萨被称为花之都，也是意大利文艺复兴运动的发祥地，是以艺术和文化闻名的城市。14世纪时，经营工商业致富的美第奇家族在政治上统治了佛罗伦萨，在此期间学术和艺术也得到了振兴。位于市中心的圣母百花圣殿（佛罗伦萨主教堂）的穹顶由伯鲁乃列斯基设计完成，是这座城市的标志。新圣母玛丽亚教堂（Maria Novella）虽在兴建之初是哥特式教堂，但其未完成的立面却在日后由阿尔伯蒂以文艺复兴的式样得以实现。除此之外，市中心区域还拥有如旧宫（佛罗伦萨市政厅）等大量文艺复兴建筑*，整座城市仿佛就是一座博物馆。

从米开朗琪罗广场眺望佛罗伦萨市区

新圣母玛利亚教堂

圣母百花圣殿

---

* 文艺复兴建筑：14至16世纪，以古典时期风格作为理想形式，在以复兴古典时期建筑为目标的文化运动背景下产生的建筑样式。文艺复兴建筑中采用了古罗马样式，运用黄金比例和透视图画法等，追求绝对美学。文艺复兴之前建筑设计的对象往往限于教堂，但在那之后逐渐扩大到公共设施、官殿、住宅等建筑。

■ 城郭都市

中世纪欧洲的城市，不仅是由统治者也是由居民们用城墙围起并守卫的。白天在城墙之外务农的农民们到了晚上会回到城墙里面。无论是自由农民还是农奴，都是统治者应当保护的宝贵财产。由于陆地相连，有随时被他国入侵的可能，也会有土匪强盗出没。

位于法国南部的卡尔卡松是如画册中画的那样用城墙围起来的城市。它曾是西班牙和法国国境线上的要塞，但17世纪两国间签订条约之后，由于战略作用的消失而被暂时遗弃。进入19世纪后，这座城市的历史价值被重新发现，经过修复，现在我们才得以看到它带有浓厚历史色彩的面貌。

中国山西省的平遥，始建于14世纪的明朝，直到清朝末期都是繁荣的商业城市。然而随着清朝的灭亡，平遥也迅速没落。但也正因为这样快速的衰落，包括城墙在内的当时城市各处的面貌被很好地保存下来。实际上，沿着贯穿钟楼的大街行走，就会发现当时城市的气氛扑面而来。平遥古城自从1997年被列入世界文化遗产名录以来，它就成为山西省重要的旅游资源。

与以领主所居住的城堡作为中心向周边扩大的日本城市不同，上述大陆城市习惯将内外两侧用城郭明确地区分开。因而我们可以知道，国家之间对于城市的概念会有所差异也是非常自然的事情。

法国南部的卡尔卡松

中国山西的平遥古城

■ 宗教都市

　　宗教圣地除了寺院和庙宇等宗教设施，那些接待众多远道而来的朝拜者的旅馆和商店也是推动其城市发展的动力之一。主要的寺院因其得天独厚的地理位置成为鲜明的地标，也赋予了城市独特的表情。

　　中国西藏自治区的拉萨地处海拔4000米以上的高原地带，是藏传佛教的圣地。拉萨的中心便是可以俯瞰城区的布达拉宫，在城中各处都能看到它的身影。在散布于市内各处大大小小的寺院中，可以见到五体投地虔诚祈祷的朝圣者，这样的行为也营造出宗教都市的氛围。

　　位于罗马市内的梵蒂冈是天主教的圣地。有圣彼得大教堂、罗马教皇居住的梵蒂冈宫，以及收藏着米开朗琪罗和拉斐尔等人作品的梵蒂冈美术馆等著名建筑。通往大教堂的步道仿佛是在显示它的权威一样。教堂正面由列柱回廊围成的圆形广场便是圣彼得广场，它与矗立在正中央的巨大的方尖碑一起形成地标，展示着难以动摇的存在感。

　　伊斯坦布尔从4世纪末开始作为东罗马帝国的首都君士坦丁堡而繁荣一时，是东正教的中心。那时兴建的圣·索菲亚大教堂是拜占庭建筑的最高杰作。15世纪被奥斯曼帝国占领之后，在增建四座宣礼塔基础上被转作伊斯兰教的清真寺。现在则作为博物馆使用。

布达拉宫 / 拉萨

圣彼得大教堂 / 梵蒂冈　　　　　圣·索菲亚大教堂 / 伊斯坦布尔

幻想的空中都市：
马丘比丘

在位于南美洲的秘鲁，印加帝国的高山城市马丘比丘在某一天突然被遗弃，是一座谜一样的神秘城市。

马丘比丘位于安第斯山脉山脊上，海拔约2300米。从阿瓜斯卡连特斯站（现马丘比丘车站）下车，从山脚下爬上有13个转弯的之字形山路，就到达了马丘比丘。这条路也因为被海勒姆·宾厄姆发现而被称为海勒姆·宾厄姆路。马丘比丘之所以被称为空中都市，是由于从山脚下完全无法看到它。穿过遗迹的入口，可以逐渐在朝霭中看到马丘比丘的全貌，但转眼又会消失在雾气之间。这些高山地形特有的自然风光，更为神秘的马丘比丘增添了幻想色彩。

"马丘比丘"原意是古老的山峰。在遗迹背后的山峰则被称为瓦纳比丘，意为年轻的山峰。左侧的神殿及宫殿区域与右侧的居住区域面朝瓦纳比丘山而坐，在中间则是中央广场。神殿区域内的太阳神殿建于高地之上，在它的东墙上设置了两面窗户，当日光从左侧的窗户射入的时候便是冬至，从右侧的窗户射入的时候则是夏至，于是从太阳的位置便可以感知季节的变化。除此之外，城内还设置了日晷等装置，这些装置常被认为是出于印加帝国对太阳神的崇拜。

在遗迹入口处陡峭的斜坡上，有用石块筑起的高差约3米的梯田作为耕地。其实这不仅仅是梯田，包括用石块筑起的其他建筑物在内，都是一种利用自然能源的被动式太阳能设计。将白天太阳光的热量储存在石块中，在夜晚温度下降的时候，利用石块的辐射热进行取暖。这种充分利用自然界力量的做法，时至今日仍然在农作物栽培的过程中被使用。

在朝霭中逐渐看到
马丘比丘的全貌

眺望马丘比丘

石块筑起的梯田

芝加哥 / 美国

2. 观看

景观

　　很多地区都会根据国家制定的景观法，或者各自治区根据地方条件制定的条例等，通过行政的方式来加强景观管理。与此同时，在此居住的市民中也有不少人越来越关心城市规划，逐渐萌发了积极参与其中的意识，而不只是把任务交给专家。本章将从景观是何物这一根本问题开始，介绍景观带来的价值和功效，并对有争议的问题通过具体实例进行研究，同时对夜景和照明在不同时刻改变城市真实面貌的情况进行重新认识。

■ 景观与风景

"景观"一词是由英语landscape翻译而来，经常用于表现由客观视觉性要素组成的景象。而日语中"风景"一词则在表现主观心情的时候也常常被用到。风景、风光等词语可能有时只用于形容自然风光，但景观则多用于那些与人类有关的场合。

景观，可以说是由于人们在某地持续地生活，作为经营生活的结果留下的物理性定居痕迹。[3] 人在各种各样的自然环境中，通过长时间的劳作，将环境改造成为适宜居住的栖息地。像这样由自然与人类的相互作用而形成的景观，在广义上都可以称之为文化景观*。

日本典型的农村风景，即在远处可以看到山脉，近处则有树林、里山（靠近村庄的小山、树林、沼泽等自然环境）等，住宅周围有广阔的稻田，同时还有守护家园的防护林。即使是在城市里长大的人们，在看到这样的风景时也总是不由得心生怀念。看来这样的景观，可以称之为日本人心中共有的原风景。

世界每个地方都拥有各自不同的居住方式。对应不同的谋生手段，比如在海边捕鱼，在草原饲养家畜，在田间种植庄稼等，各地的民居和城市设计也不相同。支撑这些行业运转的系统便是文化；这些文化经过几年甚至几代人的继承和累积，以视觉的方式展现在我们眼前的就是景观。

日本农村

苏格兰渔村

伊朗的村落

秘鲁的的喀喀湖的乌罗什浮岛

---

* 从1992年开始，对于与地域特有的生活、风土人情等有紧密联系的特殊景观，也开始作为文化遗产的一种，被列入联合国教科文组织的世界遗产的"文化景观"名录。

■ 城市的"耐色性"

城市的景观，也可以解释为当地人们生活文化的产物。看着建筑物被大面积的广告牌覆盖、高速公路无所顾忌地在城市中延伸的时候，虽然会感到这景象面目可憎，但这些也反映了当地人的商业活动，以及效率第一的价值观。既然他们追求这样的生活，那么对于这些景观，可能不得不接受和认可吧。

从海外回国到达成田机场之后，在穿过东京回到住所的途中，对于东京的看法会因从何处归来而发生变化。从欧洲归来时，看到广告牌会感到，"这里怎么是充斥着这样混乱色彩的城市啊"，然而从新加坡归来时会感到，"这里怎么是这样没有活力的城市啊"。由于自己适应了几个小时前所在城市的色彩环境，再用这样的眼光看待东京的时候，就如同评价标准转换了一样。

在多人种混居的新加坡，住宅的色彩也被认为是各自身份特征的表现。然而，假设如此的话，公寓楼外表面填涂的颜色的意义便不得而知了。虽然店铺的颜色丰富多彩，不只新加坡独有，但为了配合店面颜色而被漆成黄色的人行横道却非常少见。在这样的街道走上一阵，不仅不舒服的感觉会消失，而且还会逐渐喜欢起来。看来，这个城市对于颜色刺激的耐受力与日本不尽相同吧。

过去，在东京吉祥寺娴静的住宅区突然出现了一座红白条相间的住宅楼，引起了一些争议。周边居民曾经以"某著名漫画家住宅形状及红白条外观会有损公共秩序"为由，向法院提交了停止施工的暂行处理申请，然而最终被驳回了。住宅的外观是居住者表现自我的一部分，从这个角度来说，我们无法否定这样的做法。然而，与新加坡不同，在对色彩刺激尤其敏感的日本住宅区，对居住在自己附近的人使用如此大胆的表现方式持有异议则是完全可以理解的。

峇峇娘惹*的住宅，公寓楼，餐厅/新加坡

以广告牌为立面的建筑 / 秋叶原　　　高速公路下的日本桥　　　娴静住宅区里红白条相间的住宅

---

* 峇峇娘惹：是指来自亚洲各地的移民与马来半岛当地女性通婚后，长期居住而形成的独特的混血社区。不仅是人本身，其建筑、美术、生活方式、饮食文化也逐渐混血化，孕育出独特的文化。

■ 混合景观

相对于遵循前后统一的原理建成的建筑及城市景观而言，经过较长时间因不同目的逐渐积累而形成的混合景观，也正在被人们重新认识和评价。

中国长春在"二战"前是日本侵略中国的根据地。1932年立末代皇帝溥仪为皇帝之后，长春成为"满洲国"的首都，被称为"新京"。当时根据日本人制作的城市规划建成了大量建筑。这些地方即使在今天，也在改变用途后得到了重新利用。现在，它们虽然埋没在战后占压倒性数量的建筑群当中，但由于它们面朝交通环岛，位置重要，所以仍然成为保留这座城市过去记忆的地标。

位于西班牙南部科尔多瓦市的科尔多瓦主教堂，是由伊斯兰教与基督教两个宗教派别组合而成的混合建筑。当时伊斯兰势力从非洲北部向伊比利亚半岛入侵，在基督教会统治的地点建设了一座巨大的清真寺。这座建筑后来因所谓的"收复失地运动"（被基督教各国再次收复的运动）成为我们现在看到的科尔多瓦主教堂。它的内部由连续的拱券支撑并沿水平方向展开。在这座微暗的清真寺中，却照进了基督教会特有的向垂直方向空间伸展的光线。它的外观也巧妙地组合了不同属性的空间，让人感到这里是在不同教徒相互尊重的基础之上建造而成的。

新加坡的楼铺是将一层作为店铺的住宅形式，在日语里的说法就是町屋（相当于中国城市中的街屋或店铺住宅）。这里由于曾经是英国殖民地，其殖民地时期风格*的街貌已被指定为历史文化保存区域。不仅是新加坡，许多东南亚国家捕捉到了那个时代刻入街道的痕迹，试图积极地接受殖民地时期被统治的黑暗历史，转化成为"殖民地遗产"，并将其作为城市的特性。

看到这些展现着历史沧桑的城市及建筑形态，我们便可以强烈地感受到混合景观的绝妙之处。而这种绝妙，是在日本这片长期以来没有遭受他国统治的土地上无法见到和知晓的，这恐怕也是我们身为日本人的弱点之一吧。

伪满洲国国务院（现吉林大学）　　　　　科尔多瓦主教堂/科尔多瓦

楼铺/新加坡

---

* 殖民地时期风格（colonial style）：17~18世纪，西班牙、葡萄牙、英国、荷兰等作为宗主国而在殖民地发展的建筑形式。其中一部分根据殖民地的气候风土被重新设置。至今仍存在于各地，成为人们可以纪念历史的"殖民地遗产"。

■ 遗迹景观

在某些地区，曾经在某个时期，集中地进行着某项人类活动，但在今天已成为过去。这些活动的痕迹留存以后便形成了"遗迹景观"。目前各地进行保护的历史街道即属于这类风景。

位于英格兰西北部的切斯特市，是英国目前保存得最好的城郭城市。这里赖以成名的景观是一种名为"黑白复古建筑"的维多利亚风格建筑。其样式是将木造骨架涂黑，并对其间的木板涂白而形成的效果，是将乡村建筑的设计提炼和升华的产物。切斯特市正因为特殊的街路景观吸引着大量的观光游客，而政府似乎也对于商业广告牌有着严格的限制。位于切尔斯市政厅旁边的快餐店将其标志置于建筑内部而非外壁上，只有在夜间才能透过玻璃幕墙勉强看到它的存在。

近年来，工业革命后形成的建筑物和建造物，作为"工业遗产"吸引着人们的注意力。城市中留存的曾经繁荣的工业遗迹，展现着独一无二的城市特征，成为城市的名片。

德国鲁尔区的多特蒙德市曾被称为"钢铁与煤炭的街道"，那里将曾经的凤凰钢铁厂作为工业遗产保留了下来。突出强调其功能的巨大钢铁块就是这里的点睛之作，如同实验室由各种管道连接而成的实验装置被原封不动地放大了一般。另外，钢铁厂附近的佐雷伦第二和第四煤矿里还保存着1900年前后由红砖建成的设施。其中宏伟的发电楼有着以青年艺术风格*进行装饰的钢铁出入口，代表着这座在当时被称为"劳动者之城"的工厂。建筑内部巨大的发电装置让人联想起卓别林主演的电影《摩登时代》中的舞台。现在，这里是威斯特法伦工业博物馆的中心，成了观光胜地。

木结构的黑白复古建筑　　　位于切斯特市政厅里的快餐店较为收敛的标志牌（昼 / 夜）

前凤凰钢铁厂 / 多特蒙德　　　前佐雷伦第二和第四煤矿（威斯特法伦工业博物馆）

---

* 青年艺术风格（Jugendstil）：从19世纪末到20世纪初发生的"新艺术运动"在德语圈的称呼。其名字来自于美术杂志《青春》（Jugend），同时也被称作"世纪末样式"。

在日本也有类似的情况，经济产业省在2007年为了增强地区活力，从全国范围内选定了"近代化产业遗产群33*"。虽然在那个名单中并未出现，然而最近公开后人气骤增的便是长崎的端岛，俗称"军舰岛"。那里有为挖掘海底煤矿而建成的设施以及为在那里工作的人们建成的公寓等，在1890年前后陆续建成。那里的人口在20世纪60年代达到顶峰，突破了5000人。然而随着煤炭需求的减少，军舰岛于1971年被封闭，成了无人岛。在那之后，由于岛内早已成为废墟，因而长期禁止入内，直到2009年才开始允许观光客上岸进行参观。如今军舰岛周游观光船也逐渐成为长崎旅游的热门项目。那里粗重的工业区风景，与自然风光相对照，同样会引起人们的好奇心。这也许是因为，那是成长于20世纪昭和时代的我们内心中的原风景之一，是大家存放记忆的场所吧。

虽不是建筑物，但修复因人类活动遭到破坏的环境（称之为"棕地"）的活动正在进行着。"绿地"（greenfield）即指绿色草原，意味着生态上理想的环境，然而与此相反的则是棕地（brownfield），直译过来就是"棕色的大地"。棕地不仅意味着有缺少绿色的贫瘠土地，还有因工厂遗迹、工业活动等污染而形成的土壤，或者因未来可能被使用而暂时闲置的土地。虽然这无疑是"工业遗产"，但却是令人不愉快的遗产。

德国的莱比锡郊外，曾经在露天环境中大量挖掘煤炭，虽然对当时的工业发展做出了贡献，如今却多数作为"棕地"而被保留着。有几个地方正在对环境进行修复。在其中最早着手修复的地区，人们将因开采煤矿而造成的巨大的洼地装满水，形成湖泊，同时完善水边的休闲设施，有效地利用了工业遗迹。在那附近，保留着曾实际用于开采煤矿的巨大的起重机，作为让人回忆当时的纪念物。

军舰岛 / 长崎端岛

棕地的再生

* 近代化产业遗产群33：比如横滨造船厂的花园、富冈缫丝工厂、八幡炼铁厂等在造船业、纺织业、炼铁业、制纸业、煤炭业等支撑日本近代化的工业遗产群，由经济产业省选定了33个对象，让人们重新认识它们的价值。2009年，"近代化产业遗产群续33"被重新选定。[4]

■ 随时间不同而发生变化的城市面貌

在中国承德市的中心市区，每天都会有早市。与日本观光胜地看到的露天市场相比，这里的早市不仅在规模上完全不同，同时由于它并非以观光游客为对象，而是支撑着当地一般市民的日常生活，因此在作用上也不尽相同。每天清晨都有大量的农作物从近郊的农户直接运送到市里。在这条街上不仅有蔬菜，还摆满了鱼和酒，各种香辣调味料、烟草，甚至服装等品种繁多的商品。摩肩接踵的顾客与卖家的吆喝声把这里变成了巨大的露天购物中心。从摊位上的简易饭馆到路边理发师，甚至自行车的修理师傅也会在这里摆上摊位。然而，所有这一切都以9点为分界线。在城管大声通知早市结束时间之后，还有大批保洁员在等候着立即进行清扫，利索地将这里变回可以发挥街道原本功能的交通设施。

这一清晨中的景象，不仅在承德，在中国很多城市都可以见到。街道和广场等城市公共空间的使用，会根据不同时间点而发生动态的变化。这种方式，相对于西欧的"先进"城市中为不同活动提供不同的场所而言，在这里我们可以看到处于未分化状态的城市设施。而这里充满活力的早市以及洋溢其中的高涨热情，作为代表亚洲城市的一道风景，被认为有着非常重要的价值。

在东京的银座街道，每周末从12点开始便成为"步行者天堂"，车道会提供给行人步行使用。然而，这里很难拥有像中国那样情热高涨的感觉。曾经以"竹之子族"等街头艺术而充满活力的原宿步行街，也由于人们过激的活动而受到行动管制，最终还是消失了。在这样的公共空间进行活动却没有活力的原因之一，是由于被禁止提供饮食。若稍微放宽对这里的管制，也许就会变成更加令人快乐的"天堂"。然而最近，据说就算是地区举办的庙会也常常由于年轻人不积极参与让人感到棘手。不知在日本是不是没有办法期待那种既遵守约定俗成的规则，又保持街头活力的生活。

承德市的早市 / 中国

银座的步行者天堂 / 东京

■ 夜景与照明

　　每到12月份，夜晚的街道就会变得热闹起来。不仅是回响在耳边的圣诞歌曲，夜景照明也会大量地出现在视野中。灯光照耀下明亮的街道，让人从漫长又痛苦的黑夜中解放出来，仿佛可以在寒冬的街道上感受到温暖。我开始有这样的想法，是在那年访问中国东北地区的哈尔滨之后。那时虽然还是十月份，但夜里的气温却达到了零度以下。白天的气温明显会比夜晚高，然而也许是因为体感温度还包含着视觉感受，反而在拥有照明效果的夜晚会感到更温暖。最初看到照明的色彩搭配时，觉得其大胆的配色很没有品位，然而过了不久这种反感便消失了，不仅有了前边提到的温暖感受，甚至对这样的照明越来越有好感了，真是不可思议。

　　乘坐在行驶于嘉陵江的船上观望对岸重庆临江门附近的夜景，却是混合着西洋和东洋风格的有些奇怪的场景，让人回想起科幻电影《银翼杀手》的开篇场景。虽然是四分之一个世纪以前的电影，片中描述的却是在不远的未来地球环境恶化后的城市。然而那样噩梦般的场景，此刻正展现在我们的眼前。一般来说，景观的细部和现实感在照明之后会被弱化，给人以虚拟的、近乎幻想的体验。然而我在重庆看到东西方风格浑然一体的景观却非常奇怪，很难判断这只是今天中国独有的现象，还是未来城市的面貌。

成为游乐场的新城夜景 / 东京

冬天里的光线温暖了寒冷的哈尔滨

近乎未来风格的重庆夜景 / 中国

耸立在运河边的摩天大楼 / 新加坡

■ 景观保护措施

日本的城市多数过于追求成本效率，曾经有一段时间里，影响景观的建筑物在持续增加。它们虽然没有直接触及《建筑基准法》及《城市规划法》，但却忽略了周围那些承载着长期以来形成的生活和文化特色的景观。在这样的背景下，金泽市作为地方自治区，在1968年首次制定了《传统环境保护条例》，并在全国范围内进行了推广。

在那以后，以2005年《景观法》的实施为背景，一些地方自治区甚至跨入了建筑设计的领域，通过对颜色、形态、广告牌以及所有权进行限制，让景观的保护和改善成为可能。其中尤为先进的是京都市的景观条例规定。其特点是通过限制保护区内建筑物的标高来保护"眺望景观"。这个标高限制，是以从包括清水寺在内的特定场所的"观察点"，向观察对象眺望时的视线不受阻碍为标准的。

那么，凭借制定地方自治区的景观条例来进行景观保护的同时，会带来怎样的效果呢？在步入老龄化时代的今天，人们开始担心城市活力下降。一些旨在提高地区活力的措施着眼于增加"交流人口*"，而不仅是过去所说的"定居人口"。古时城市是作为开放的"市"，是人群聚集的地方。正是在这样的聚集中逐渐形成了全新的城市文化。以"粮仓城市"而著称的川越市，将繁多的室外广告和杂乱的电线等撤去，对街道景观进行改善。因此，其2002年的交流人口相比1984年的200万人翻了一番，成功通过景观保护促进了城市繁荣。

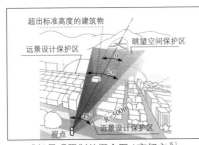

眺望景观限制的概念图 / 京都市 [5]

京都塔和京都站

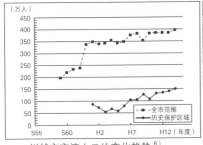

川越市交流人口的变化趋势 [6]

川越市的街道景观

---

* 交流人口：与表示一定地区内拥有住所的人数"定居人口"概念不同，交流人口意味着在此区域外的居住者因观光、购物、通勤、上学、文化鉴赏、体育活动等目的来到此地区的访问者数量。

构成广场的立面：
公爵广场

在法语中，把建筑物正面称之为"立面"（facade）。按照原来的说法，即是拉丁语facies一词，意思是"脸"。正是这些朝向街道的建筑立面，作为建筑物的脸面组成了美丽的欧洲街道景观。相比面向街道的建筑物，那些面向广场的建筑物，由于在广场上停留的人数众多，其立面的重要性更为突出。

在意大利，面向广场的教堂立面往往会贴有与建筑自身形态不相同的墙面。这是因为教堂立面被认为是广场的一部分。也就是说，围绕广场的建筑物外墙面虽然的确是建筑物的一部分，但其更重要的意义在于形成广场空间。究其原因，是由于石结构的教堂无须与其外表面进行统一。

位于米兰近郊的小城市维杰瓦诺的公爵广场便是一个简单易懂的例子。当我们看到公爵广场和面对广场的教堂平面图的时候，可以发现它们各自的中心轴偏移了15°。然而从广场向教堂立面看去的时候，这个偏移在视觉上就被消除了。为了构成形状完整的广场，教堂的立面被设计为弧形。同时，从广场向教堂左侧的回廊入口看去，就会发现其后并没有建筑物，而只是添加了一段墙面。由此可见，广场对意大利人是多么重要的场所，他们为了将这个场所改善完整，不惜做到这个地步。

由弧形立面构成的广场

左侧的回廊入口及其身后的罗马大街

弧形立面，偏移了15°的教堂入口

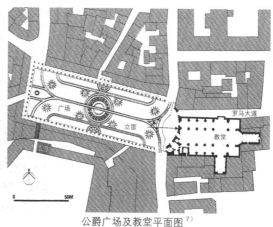

公爵广场及教堂平面图[7]

西班牙台阶 / 罗马

3. 感受

身体感受的城市

  谈起对某个造访过的城市的感受，人们往往会从视觉印象出发。这是由于看到的对象通过视觉方式被收集和识别，并通过照片等途径被强化，于是视觉记忆便成为优势记忆。而另一方面，由听觉和嗅觉形成的城市感受，如噪声、恶臭等负面印象往往会被放大。虽然在视觉感受以外仍存在丰富的城市感受，但一直被忽视。直到近年来，才开始有了为重新认识这些感受而做出的一些尝试。本章试图通过具体事例，针对来源于多种感受的城市体验进行重新探讨。

■ 五感在环境知觉中的作用

我们的五感，可大致分为直接与对象接触的知觉，即触觉和味觉，以及不直接接触对象的知觉，即嗅觉、听觉和视觉。若要在有纵深的城市空间中考虑知觉，嗅觉、听觉和视觉则更加重要。那么我们就分别针对这三种感觉从环境中提取的信息，及其获取方式的特征进行研究。

首先，嗅觉是在无意识状态下对环境空气质量进行的检查活动。这是由于作为传感器的嗅细胞位于鼻子这个呼吸空气的通道中。虽然由嗅觉取得的信息的含义并不明确，但通过嗅觉可以察觉到环境的变化，并直接感受到所在地点的氛围，因此会立刻导致情绪上的反应，如通过嗅觉察觉到燃气泄漏就是一个浅显的例子。实际上民用燃气并无气味，加入那种难闻的气味正是为了利用嗅觉作为警报装置。

与此相对的是视觉，我们只能看到脸朝向的前方。注视对象的两侧不但视力急剧下降，色觉能达到的视野范围也变得有限，注意力集中在一个狭小的范围内。我们只能从这个范围获取详细的信息。而诸如观察对象是什么这等理性判断，便是凭借这些信息做出的。

而听觉，就其对注意力的指向性以及理性化或感性化的特征来说，正好处于视觉和嗅觉的中间。虽然不向特定的对象集中注意力也可以获取听觉信息，但把注意力集中到某个对象的时候，可以听得更清楚。*也就是说，我们把注意力集中在说话者身上，由语言获取理性信息的同时，情绪上也可以享受某处传来的背景音乐。

虽然视野是有限的，但如果我们凭借嗅觉和听觉感知周围环境的异常，便会激活可以获取更详细信息的视觉，进一步去寻找异常发生的原因。于是，这三种感受形成互补，同时处理巨大的环境中所产生的信息，我们才得以顺畅地进行活动。

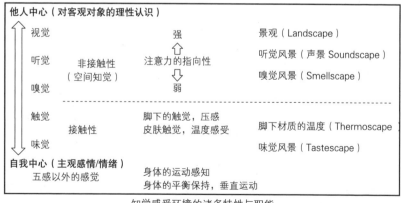

知觉感受环境的诸多特性与职能

*例如即使在宴会等嘈杂的场所，我们也会听到谈话对象或稍远处留意的人的对话内容。我们称之为"鸡尾酒会效应"。

■ 声景/Soundscape

出于对街道上的声音的兴趣，加拿大作曲家M·谢弗[8]在20世纪60年代末提出了声景（soundscape）的概念，意在恢复城市中视觉之外丰富的感官体验。他调查了各城市的声景分布，分析了声音的传播特性与城市构成方式的关系。例如，声音穿过宽阔的道路时会传得较远，是由于路旁较高的建筑物阻隔了声音的传播。

散布于城市各处的声音，包含着各个场所特有的信息，帮助我们认知各种不同的环境。而对于有视觉障碍的人来说，有些平时不易察觉的事物则会成为确认路线时的线索，比如街角的自动售货机发出的声音，就成为像地标一样的声音地标（soundmark）。同时，街道的声音并不仅仅会对特定场所有提示作用，同时也会勾起人们的种种联想。

位于函馆的日本正教会教堂，因其钟声受到当地人的爱戴而被称为"钢钢寺"；还有响彻川越土藏建筑区的时之钟，在道后温泉振鹭阁敲响的气势威猛的时刻大鼓。如此种种，虽然无一例外都是报告着时间，但随着时间的推移，也成为扎根城市风土的独特的声景。

在东京的阿美横丁，街上回荡着"欢迎光临"、"便宜啦"等市场特有的吆喝声。不仅有海产品商店，也有服装店、鞋店、化妆品店、蔬菜店等，不同商店散发出的气味也多种多样。在博多的祇园山笠等庙会上，那里的吆喝声也带旺了人气。

除了街道中传统的声音之外，现在人为设计声景也成为一种趋势。例如JR

函馆正教会教堂的时钟

时之钟 / 川越

道后温泉振鹭阁的时刻大鼓 / 松山

阿美横丁 / 东京

博多的祇园山笠

浦田站的发车音乐《浦田进行曲》，以及游乐园入口附近的背景音乐，都让那个地方给人留下印象，并导演出愉悦的气氛。可是我们很难认同现在有些公共卫生间用鸟鸣作为背景声音的方式。就同同"周围能听到鸟儿歌唱那样亲近自然"，声景是表现环境质量非常重要的一环。然而如果违反了这样的规则，我们就会感到不适。人们都说"便利设施"（Amenity）*意味着"恰当的事物存在于恰当的地点"，实际上这样的原则同样适用于城市中的声景。

环绕神户的坡道从海边蔓延至山间，沿着它向山上走便会穿过数个气氛迥异的空间，在这些街道上可以听到代表各个场所特征的声音。从最低处临海公园里船只的汽笛，到主干道上川流不息的车流；从办公区里女性咚咚作响的鞋跟，商业街上背景音乐混杂着人群的喧嚣，到夜晚时分娱乐街的热烈，再到住宅区的娴静。这些声音沿坡道的截面散布于海边到山间短短4公里的距离中。[9]

亚洲发展中国家的大城市往往都被大声争论的喧嚣包围着，而在这样的喧嚣中存在着各种各样的声音源。日本的城市并没有那样的嘈杂，但在横滨有一个降低噪音的装置非常有趣。1988年在改建西鹤屋桥的时候，为了吸收桥本身及周围环境的振动（特别是桥上跨国的高速公路），在栏杆上安装了一种能演奏出清爽声音的装置。这常被称为日本最早的声景桥。

神户的声景

喧闹的大城市 / 孟加拉国达卡

西鹤屋桥 / 横滨

---

* 便利设施（Amenity）：让人感到愉悦和舒适的环境，以及带来这种感觉的设备或服务。也指酒店客房内准备的一次性牙刷和化妆品等物。城市的便利设施则指为方便生活所设置的必要的场所或设备。

■ 气味风景/Smellscape

与听觉相同，针对嗅觉的正面效果而并非恶臭等负面效果，地理学家J·博蒂瓦斯[10]也提出了气味风景的概念。

散布于街道中各种香气，比如让人感到秋意的目黑秋刀鱼节、新酒酿造期间溢满酒香的酒窖等，都会被我们注意到。这些气味可以根据他们的来源，分为自然（山脉海洋等自然地理条件以及动植物等）和人类活动（农工商、交通、信息、文化节日等）两大类[11]。

街道上的气味风景成为视觉或听觉障碍者的向导。例如，街角面包店飘出的烤面包的气味，就像声音地标一样成为气味地标（smellmark），扮演着城市路标的角色。在认知科学领域，包围人类的环境有辅助记忆的效果，其中嗅觉起了非常重要的作用。场所的气味可以让在那里产生的记忆长期保存，也称为普鲁斯特效应*。[12]也就是说，气味风景不仅是引导残疾人的无障碍设施，也是为所有人提供一个能够保存过去鲜活记忆的环境。2000年，当时的环境厅为了普及保护"嗅觉环境"的意识，选定了《嗅觉风景100选》。[13]

目黑的秋刀鱼节 / 东京

酒窖 / 喜多方

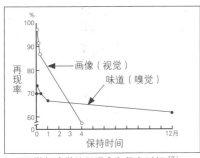

视觉与嗅觉的再现率和保存时间 [12]

潮水的香气 / 函馆

---

* 普鲁斯特效应：因某种特定的气味而唤起包含当时清晰状况的遥远记忆，因嗅觉而产生长期记忆的效应。这种现象因被法国大文学家M·普鲁斯特在其著作《追忆似水年华》中被生动描写而被称为普鲁斯特效应。

■ 感受脚下的材质

环游式庭院的魅力在于，随着脚步的移动可以享受各种气氛不同的空间带来的乐趣。这不仅仅是视觉的变化，同时还可以感受到脚下的材质*带来的触觉和压感的变化。京都的桂离宫在园路上使用了青小石、大石，以及间距不同的切割石材与天然石材的组合，分别体现着真、行、草的表现形式。在这些修饰各不相同的园路的交界处，布置了石桥、土桥、木桥，对分割不同空间感受起到了很大作用。一般来说，人们走路的时候并不会注意地面，但若是走在环游式庭院里的脚踏石上，就像走险峻的登山路一样，视线会在移动中被吸引到脚下，并偶尔驻足观赏周围的景色，造成了一种间断性的观赏视点，这样就突出了连续注视时不易发觉的景色的变化。

在城市的马路上脚下的材质也会引导人们行动的方向。从赫尔辛基港前往市中心的途中，快要到一个路口的时候，路面的材质忽然变成了排列紧密的小圆石。沿着那条细小的岔路望去，原来那是通向赫尔辛基大教堂广场的路。那是不是旧时街道的遗迹虽不得而知，但脚下的材质确实起到了引导标识的作用，告诉人们从这里转弯就是广场了。另外在莱比锡，石板路会突然被触感柔软的岔路横穿，顺着它望去，便会看到通向饭店的迎宾红地毯。这些脚下材质的变化，起到了将注意力引导至周围环境的作用。

经过计算的脚下材质的编排（京都·桂离宫）

小石子坡道 / 芬兰

铺在路上的红地毯 / 莱比锡

---

* 材质（texture）：不仅指因纺织品的编织方法，或石材的结晶构造和表面凹凸等创造出的物质表面的视觉和触觉特征，还包括由声音的强弱高低组合成的式样，甚至舌尖和牙齿对食物的触觉等，是表现听觉、味觉特征的一个非常宽泛的概念。在视觉上对空间感知起着重要作用。

■ 身体感受的城市

在近年来的认知科学领域，认为人类的记忆并不全部储存在大脑中。也就是说，大脑并不是独立于身体和环境而存在的系统，而是通过与身体和环境交换信息后才能发挥作用的系统。除上文已经解释了因为嗅觉而产生的对场所的记忆外，因身体移动的感觉而产生的城市空间的记忆同样重要。对于某个场所的记忆，除了眼睛看到的建筑物和广告牌等视觉信息之外，还包括身体的运动感受。身体会记住有顺序的连续移动，例如，爬上坡后右转，再稍稍下坡的地方。

出于对交通的便利和土地利用效率的考虑，现代城市的街道多是棋盘状的。这样简单的结构看似容易理解，但由于相似的空间被反复重复，为了辨认地点，必须注意标识和招牌等附加性视觉信息并逐次确认。与此相对，依地势而建的路则包含着丰富的弯曲和起伏。在通过这样的道路时，视觉上会体验到场景有顺序的连续变化，而身体运动感受则会带来移动感。于是即使不去特别注意周围的环境，这些体验也可以将人引导到目的地。[14]

虽然砺波平原的散居村落*并非城市，但假借"整修"之名面貌被大幅改变。整修前自然的水系和道路体系被机械单调的棋盘状空间取而代之，甚至有老人外出归来后无法找到自己常年居住的家。在数十年生活中，这个地方被身体记忆，即便不去意识也会被身体记忆引导到目的地。而这些潜在的环境信息的消失就是老人无法找到家的原因吧。

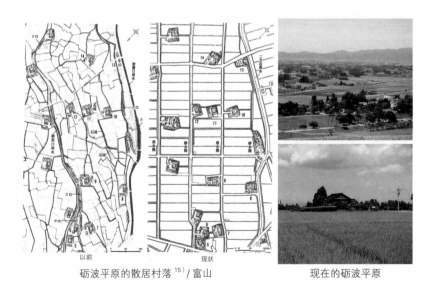

以前　　　　　　　　现状

砺波平原的散居村落[15] / 富山　　　　　　现在的砺波平原

---

* 散居村落：在耕地宽阔平坦的地区，农户散居在各处的村落。虽然房屋处于水田中央便于进行农业活动，但这样孤立的房屋却需要防护林来抵御强风雪的侵袭。除砺波平原外，出云平原和胆泽平原等也较有名。

专 题

城市的台阶：
作为记忆的根据地

城市的台阶虽然会妨碍人们顺畅地移动，但却正因为这个原因让人们意识到它是与普通街道不同的"场所"*。因为可以在台阶上坐下或利用高差眺望远处，那里也就成为一个能够停留的场所。在欧洲面对广场而建的教堂前，常常设置有大型的台阶，很多人自由自在地在那里打发着时间。

人们常常根据独自或与他人共同在那里进行的活动，而把那个地点当作一个特别的场所进行记忆，然后给那里起一个充满爱意的名字。其中代表性的例子便是罗马的西班牙台阶。它因尽人皆知的电影《罗马假日》而一跃成为世界性观光胜地。其实在意大利，还有无数个不知名但却充满魅力的台阶散布于城市之中。

那么东京又如何呢？其实在东京也有很多台阶。那些被称为"某某坂"的地方便会有台阶，比如麻布台的雁木坂以及汤岛的实盛坂等。武藏野台地的东端与东京低地相接，在那一带的市区里产生了15~25米的高差。台地被不同山谷分开，形成向各个方向散开的下坡、楼梯等。汤岛一带虽是向东逐渐降低，但通往谷中银座的台阶却是向西下降的。因为在那里可以眺望晚霞，于是有了"晚霞阶梯"这样一个充满魅力的名字。

现在东京的台阶虽完全无法和意大利相比，但如果重新审视它的价值并稍加修缮，即可引导出各种各样的活动，成为富有魅力的记忆根据地。

西班牙台阶／罗马

谷中的晚霞阶梯／东京

科隆大教堂前的广场／科隆

---

* 这里的"场所"是指，通过自身的体验而被赋予特别的意义，并对其进行区分和创造而形成的空间或环境。地理学家E・雷尔夫在其著作《场所和无场所》中对现代社会的无场所性进行了论述，在此之后这个概念被广泛使用。

连廊 / 莱比锡

4. 巡游

有秩序的连续体验

　　J·吉普森曾指出，"我们为了移动需要进行感知，而与此同时为了进行感知也需要移动"。就像指尖滑过物体表面才能感受到凹凸一样，城市空间也有必须通过巡游才能发现的一面。巡游获取的不仅是视觉印象，通过探索性的巡游还能够得到环境的信息。关于如何在城市中移动以获取各种环境信息，本章将说明其思考方式及客观性的获取方法，并探讨这些信息对心理及行为造成的影响。

■ 城市空间里的移动体验

要想了解我们在城市空间中是如何移动并体验它，那就试着追踪一个上班族早上的行动路线来看看吧。从位于郊外的家中出发，经林荫道穿过公园，走到最近的地铁站，然后搭乘开往市中心的通勤列车，再转乘汽车前往公司，最后乘电梯到达自己的办公室。在通勤的路程中，分别有步行、列车、汽车、电梯作为移动手段，而体验到的空间则包括自己的房间、附近的林荫道和小公园、郊外的小车站、通勤列车的车内、市区的大型车站、穿行在办公区的汽车、公司的电梯和走廊，以及自己的办公室。我们会发现，仅仅是早上的通勤，此人便经过了各种各样的空间。

事实上，此人通过的是物理上连续的空间。于是我们就会像区分郊外的住宅区和市中心的办公区一样，根据场所的性质对其进行区分和捕捉，也就是说对空间进行区分并捕捉。然后，我们就会体验到某些场所没有发生变化，或者发生了多少变化。比如看着小公园中绽放的花朵感受四季的变迁，或者忍受着一成不变拥挤的通勤列车。

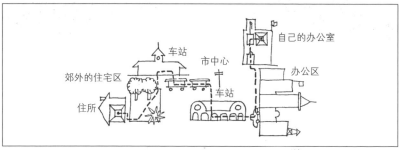

从郊外的住所到办公区的路程（P·希尔）[16]

郊外住宅区的林荫道

郊外住宅区的小公园

距住所最近的车站

市区的车站内

市区的车站前

办公区

■ 环境中移动视点的重要性

我们的视觉是如何将视网膜上的二维成像，转化为对三维空间纵深的感受呢？一直以来，这个过程都是通过二维的视网膜成像所包含的透视关系作为线索来解释的。与此相对，心理学家 J·吉普森[17] 则认为视点的移动对此起到了根本性的作用。这是因为，人的移动会造成投影在视网膜上的像（即光的分布）的改变，而这个改变的方式与空间的形状有一定关系。如下图（左）[18] 所示，人以速度 v 移动，他看到的空间中的一点以角速度 ω 向后方移动。ω 由视线方向与行进方向的夹角 θ 和人与该点之间的距离 s 决定。这时，人到各个点的距离在没有意识的情况下被计算，并根据在视网膜上成像的各点的流动方式，对三维空间进行感知。因此，如果在视点不移动，即视觉成像没有流动的状态下，就很难对三维空间的纵深进行感知。

此外，U·耐瑟尔[19] 还指出，除了像在上述移动过程中进行的无意识的空间感知外，在注意力集中到某个对象上并对其进行有意识地感知的时候，视觉系统和身体运动系统在移动过程中的协调也同样重要。他认为，对于某个对象的感知过程，是一连串连续行为构成的循环，如下图（中）所示。即首先观察需要感知的对象并提取信息，将提取出的特征与自己已知的某个图式*进行比对，建立"这可能是什么"的假说。为了确认这个假说，便会接近观察对象，并变换观察角度，即有目的的活动。然后从新获取的视觉成像中，再次提取信息，若信息与最初的假说不符，则修正已知图式。如果仍未能清楚确认，则再次进行有目的的活动，直至对象被正确认识为止。这里需要强调的是靠近移动对象时的感知能动性。

人在环境内的移动，是在对空间感知以及对感知对象形成正确认识的过程中不可欠缺的一环。关于这一点也许人们很早就知道了。就像P·希尔[20] 提到的那样，在繁体汉字中，"目"字和代表腿的"儿"字组合在一起才成为"见"字。

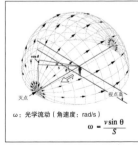

ω：光学流动（角速度：rad/s）

$$\omega = \frac{v \sin \theta}{S}$$

移动中的光学流动 [18]

对象
（可能利用的信息）
Object

Modification of schema
修正图式

Pick up information
提取信息

图式
Schema

有目的的活动
Direct the activity

探索
Exploration

耐瑟尔的认知循环模型 [19]

"见" = "目" + "儿" [20]

---

* 认知心理学范畴内的图式（schema）是指，在认识外界（环境或事物）的过程中，对信息进行解读时所参照的既有的知识体系。在寻找到达目的地的路线时头脑中描绘的地图（认知地图）便是一个例子。

■ 有顺序的连续移动的表示方法

　　为了尽可能客观地记述人在城市中的移动及在这个过程中感受到的变化，形成了一种特殊的符号系统（notation）。所谓符号系统，即用音符或化学符号等特殊的文字或符号来表示特定状态的方法。如果像学习语言一样学习这个符号系统，便可以进行记录和读取。

　　有很多表示方法被用于表示随时间推移而连续变化的序列*，其中最为人们熟知的便是历史悠久的西方音乐乐谱。乐谱是一种依靠不同视觉图形的组合来表示声音的方法。它将声音转化为代表声音强弱、长短、高低、音色的图像，使其重现并激发人们美好的感情。另外还有像拉班舞蹈记法等，用于表示在音乐之上叠加的身体动作及空间移动。它将身体的动作像管弦乐谱那样进行记录，这不仅可以用于记录某支舞蹈，而且让不同舞蹈及流派间的对比成为可能。

　　对于电影，同样有相对应的记述方法，用于表现在故事情节上有关联的一组连续镜头。即将画面、故事梗概、音效、对白、时间、音乐等，用记号表示，让各场景得以分享和重现。

　　也有很多人开发了各种各样的像五线谱那样的符号，用于记述人在城市空间中通过有序的连续移动获得的体验，记述在移动和时间流逝过程中变化的情景以及人的心理反应。

　　例如，D・艾普亚德等人[21]将高速公路沿线的景观按其构成要素进行分类，并将它们的前后顺序连续地记录下来，形成表示连续景观的符号系统。景观建筑师L・哈尔平[22]则在进行关于设计阶段利用符号系统的研究。他在自己设计的美国明尼阿波利斯尼科莱特购物中心中，使用了对应不同景观要素的符号，记录行走过程中有序的连续空间体验以及街道上人们的活动。此外，针对在城市空间中行走时环境状态及心理状态的变化，P・希尔[23]提出了像管弦乐谱那样，同时记录多个变量的运动状态的表示方法。这不仅可以记录在客观存在的空间中获得的体验，而且在空间规划阶段也可以使用。

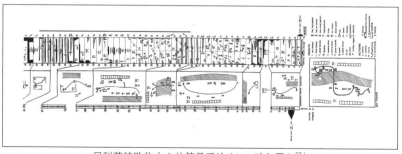

尼科莱特购物中心的符号系统（L・哈尔平）[22]

---

　　* 序列（sequence）：连续的，一连串的，有顺序之意，指电影和电视中一连串可以被连接在一起的多个场景的组合。在实际的街道空间中，指的是对伴随人的移动而产生的连续变化的情景进行分类，并像记录大量场景那样捕捉下来，形成一连串可以连接在一起的组合。

如今日本现行的有关城市空间的符号系统，更多被用于人类行为学方面的研究，以街道、商业中心、神社的参拜道路、庭院等作为对象，记录人们有顺序的连续移动，并加以分析和验证。

■ 移动视点的"画框效果"

所谓画框效果是一种园林设计手法，即用门窗等开口部对景观的一部分进行修饰，与景观一起形成统一的构图。那么当视点移动的时候又会如何呢？当人从建筑物内部向外部移动时，原本被天花板或墙壁遮挡的外部景象随着人的移动逐渐显现。此时景观的各个部分会从这些边界上显现出来，而其呈现方式取决于出口处墙壁和天花板的不同配置和构成。

在德国科隆的中央火车站内，站前的科隆大教堂便在这种效果的修饰下呈现在人们眼前。至于在设计它时是否考虑了这种效果虽不得而知，但它确实取得了成功。车站中央大厅的天花板高挑，朝向站前广场的立面全部由玻璃幕墙构成。由站内稍向外走，便可以在左侧看到巨大的石墙，再向前走则可以透过玻璃逐渐看到建筑物的轮廓。快到出站口的时候可以看到塔尖的轮廓，而出站后大教堂的全貌便呈现在眼前。

像这样，在看到城市景观之前获得的有顺序的连续体验究竟产生了什么效果，我们通过实验进行了确认。结果表明，在向外行走的过程中，遮住外部城市景观的这些边缘中，移动速度较快的那部分边缘会诱导观察者的视线。而且对于相同的外部城市景观，也会因遮挡物边缘展开方式的不同而让人产生不同的印象。[24] 因此，对于初次来到某个车站的乘客，可能会因为看到城市景观的过程不同而对城市产生不同的印象。

由德国科隆的中央火车站大厅到大教堂前广场的移动序列

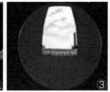

移动中遮挡物边缘对景象呈现方式的影响（实验状况①，视点轨迹②，呈现画面示例③④）[24]

■ 记录源于环境视觉信息的移动体验

近年来人们逐渐认识到，我们在生活中获得的视觉信息包括由注视对象得到的"焦点视觉信息"，以及从周围环境获取的"环境视觉信息"两类。而这些信息是通过两个并列的视神经通道获取的。也就是说，一般视觉的活动往往被认为是为了识别注视对象而进行的有意识的行为，但实际上周围环境中无意识地获取到的信息同样重要。例如，对于笔直矗立的物体，或者穿过狭窄弯曲的小巷的行为，都可能让人无意识地感知到原本并没有打算注意的周围墙壁的布置。在格式塔学派心理学中，"焦点视觉"的对象被视为"图"进行感知，与此相对的"环境视觉"则被视为在其背景中展开的"底"进行感知*。空地上的一棵树被视为"焦点视觉"，被绿色树篱包围着的观察者则感受着"环境视觉"。

我们在空间中移动的时候，处理源于环境视觉的信息尤为重要。那么，我们就把包围观察者的环境表面（地面、建筑物墙面、天空面等）作为环境视觉信息源，并将获取的环境印象用环境表面属性的构成比例来表示。以往，街道的明亮程度或开放感常常根据天空率（天空面的立体角）或建筑物的形态系数（主要是建筑物的立体角），即相对而立的建筑物的压迫感来衡量。但如果调查在空间中移动而不是静止着的观察者就会发现，他感受到的建筑的压迫感与建筑物立体角的关系，以及在公寓楼之间行走的时候感受到的绿量感与树冠立体角的关系，都与围绕人的环境表面计测量和心理量相关。也就是说，移动中时刻变化的周围建筑立面的立体角，与各个场所不断变化的压迫感相对应。[25] 而且，评价在小区内人行道上行走后的绿量感，也可以用树冠的立体角来说明。[26]

以往在讨论视觉环境时，总是以对注意对象的印象或评价为中心。然而，在移动过程中，视觉表面作为大背景对空间评价的影响同样重要。此时，环境视觉信息评价的价值便得以体现。

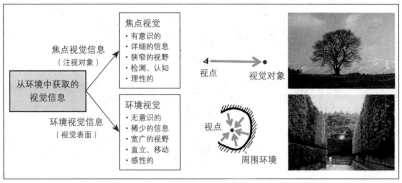

视觉的两个系统

---

* 图与底（figure and ground）：格式塔学派又称完形心理学，意图对从外界取得的混沌的感官刺激中认识大量对象（完全形态）的机制进行探求。关于视觉，情景中的焦点对象被作为"图"进行认识，那以外的部分则被视为"底"来处理。

■ 回游式庭院中有顺序的连续移动

我们使用前文所述的方法，以日本代表性的回游式庭院*——修学院离宫上御茶屋为对象，对回游过程中从环境中获取的环境视信息进行记录、测量，并对视觉以外的感官刺激也进行记录和测量。下图的上半部分为记录主观印象的游记以及根据节选的照片对体验的描述，下半部分则为通过客观的方式尝试对体验进行连续记录的部分结果。环境视觉信息是根据庭院的实测图得到地形及树木布置等数据并输入计算机，同时对在园路的某一点可以看到多少天空、树木，以及池塘的水面等程度信息用立体角的比例（可视量）进行描述，视线可及的空间范围（可视空间容量）也通过计算得出。这些信息每隔一步（50厘米）采集一次，并描绘出其变化曲线。此外，还记录了园路的材质变化、弯曲状况、上下起伏等对触觉及运动感受的影响。

将在园路上行走时通过各种感觉通道获得的变化曲线，与记述庭院参观体验的文章进行比对，并对园路的空间进行分类，通过展示各空间的特征，可以看出各种不同氛围的空间是怎样被串联起来，从而构成庭院的整体。[27] 此方法捕捉了有顺序的连续空间的客观体验，不仅可用于庭院，而且对城市户外空间的评价也同样适用。

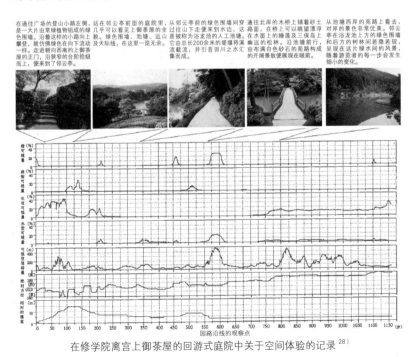

在修学院离宫上御茶屋的回游式庭院中关于空间体验的记录 [28]

---

* 回游式庭院（circuit-style garden）：在庭院中心设置大型池塘，并在周围连续布置建筑物的形式。与枯山水为代表的坐观式庭院不同，回游式庭院可在任意地点观赏，而且还针对视点沿参观路线移动过程中景物的变化进行了设计。

专 题

建筑物中的街道：
莱比锡的室内走廊

德国莱比锡的室内走廊是穿过大楼内部的室内步行街，它有玻璃的拱形顶棚，两侧的商店鳞次栉比。这样的走廊从19世纪在巴黎出现后逐渐流传到世界各地。

走廊一词在法语里有"小路、通过"的意思。从大街通向走廊的入口使用与普通大楼入口不同的装饰，预示着探索前面小路魅力的旅程由此开始。从玻璃天花板洒下的阳光、地砖反射出的光线，与路两侧富有情趣的各种商店一起营造出一个愉快祥和的空间。

再去附近新落成的大楼的室内走廊走走看，几乎和日本的购物中心没有区别，都是乏味嘈杂的空间。到底哪里不同呢？虽然从墙面、地面的色调和材质，照明和采光的水准，商品的展示方法等方面都可以找出一些不同，但最大的不同恐怕还是那里行人的举止吧。

传统的室内走廊

新的室内走廊

波士顿

5. 认知

寻找路线

　　我们怎样认识和记忆自己所居住的城市呢？从家中出发顺利地到达目的地又平安归来，这些看似理所应当的行为是在特定环境的支持下才得以完成。随着城市变得越来越庞大和复杂，以及因全球化带来越来越多的国际交往，可以预见到，在城市中顺利地移动将变得愈发困难。本章以认知地图为中心，对城市空间认识进行探讨的同时，也考察了人们在捕捉不同文化空间时所采用的方法的差异。

■ 城市空间的认知

当我们初次搬家来到某个城市的时候，最初只认识从家中到最近的车站的路线。但经过一段时间的生活，我们就会逐渐记住几家沿街的商店，偶尔还会发现其他路线上的公园或者其他设施。休息日的时候，我们还会乘车或者地铁出门购物。随着这样的经验逐渐累积，便会慢慢地拼出一幅我们所居住的城市的全景。也就是说，了解了自己的家，了解了最近的车站以及工作地在城市中所处的位置，并且可以在脑海中浮现出前往这些地点的路线。

于是为了能记住场所并顺利移动，我们会将零散的经验逐渐组合起来形成一定结构，并获取能够引导行为的图式。而在头脑中描绘出的认知地图，便是在城市空间中移动时有效的图式之一。

认知地图最早是由美国心理学家E·杜鲁门[29]提出的。他首先将老鼠放在下图（左）所示的装置中，让其反复学习到达饵料箱H的路线之后，又把它们移动到下图（中）所示的装置中。由于在这个装置中，到达先前装置里饵料箱方向的路线被封闭，于是老鼠们在选择原有的方向后又原路返回。而实验结果表明，在重新选择的路径中，选择朝向饵料箱方向的老鼠数量最多。虽然在训

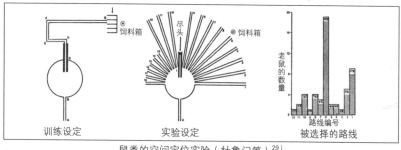

鼠类的空间定位实验（杜鲁门等）[29]

圆明园的迷宫 / 北京

指示"你在这里"的地图

练中设置的路线是首先在D左转，然后在E右转，最后在F再次右转，但由于老鼠在大脑中将弯曲的路线描绘之后，确定了饵料箱大致的位置，于是便会选择朝向那个方向的路线。因此杜鲁门认为人类也会依据头脑中所描绘的地点和路线地图而行动。

在城市设计领域中，认知地图是因凯文·林奇[30]的著作《城市意象》而广为人知的。他对市民如何认识城市，以及凭借何种方式在城市中移动进行了调查。他首先让居民将其在城市主要地点间的移动在头脑中形成一幅画面，然后让他们将这些路线用语言、草图表示出来。通过这样的调查，试图找到多数人对城市的公共意象*。他认为城市的意象是由可读性、结构与个性及可意象性形成的。而其中的可意象性会因每个人情绪的不同而发生变化。林奇的研究并没有涉及意义这个方面，而是试图将体现城市可读性以及结构与个性的图式用认知地图的形式表示出来。

林奇的古典式研究认为，城市居民描述自己的城市时所用的基本词汇是路径、节点、边界、标志物以及区域。这五个要素决定了对城市的意象，而他的研究也被日后众多的研究所认可。

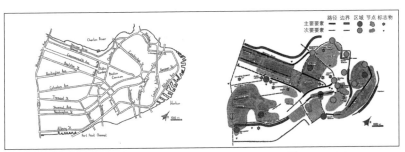

波士顿地图和认知地图的五个构成要素（凯文·林奇）[30]（笔者着色）

坐船抵达纽约的人最初看到的纽约标志物

坐飞机抵达日本的人最初看到的日本标志物／富士山

---

* 公共意象（public image）：一般指对广泛使用的物品或场所的印象或评价。凯文·林奇将调查得来的五个要素分为被广泛利用的主要要素和被个人或有限人群利用的次要要素。

■ 路径/path

人们在行动时会沿着某条线移动，例如道路、人行道、铁路、运河等。这些线状的要素便是路径。由于认知地图是通过在城市中移动的经验而形成的，所以路径是最基本最重要的构成要素。林奇从波士顿的调查中提取的五个要素中，有几个是其他城市调查中所欠缺的*，但唯有路径是在每一个城市都能获取的认识。主要道路作为城市脊梁，成为居民们公认的主要路线而被认识和记忆，例如巴黎的香榭丽舍大街。虽然在中世纪的欧洲，运河也是城市中重要的路径，但如今更多的是作为后文提到的边界被识别的。

在认知地图中描绘的路径，通常与现实的形状有所区别。D・康塔[31]通过实验发现，东京山手线的形状常被当作一个圆环来认识而不是其实际形状，人们对其形状的记忆就像简化的路线图。

■ 边界/edge

边界就是指自然的海岸线、河岸线和悬崖，或者人工的城墙、铁路线以及高速公路等人们无法跨越的界限。铁路和高速公路虽然从外部看起来是一种边

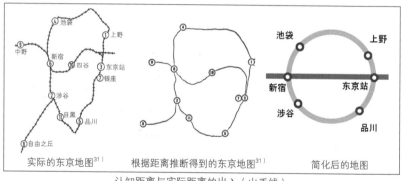

实际的东京地图[31]　根据距离推断得到的东京地图[31]　简化后的地图

认知距离与实际距离的出入（山手线）

法国南部的运河

穿过蒂尔加滕公园的六月十七日大街/柏林

---

　　* 根据D・波考克等的调查结果显示，泽西市仅有路径，阿姆斯特丹只有路径和节点，洛杉矶缺乏区域和边界，而在罗马和海牙则看不到节点和边界。[32]

界，但对它们的使用者来说却是路径。一个特别的例子便是象征东西方冷战时期铁幕的柏林墙。它是在勃兰登堡门南北两侧筑起的一道墙，将菩提树下大街到六月十七日大街的重要路线封锁。至1989年11月被拆毁、1990年10月东西德统一为止，柏林墙都是德国分裂的象征，作为一条鲜明的边界阻隔着柏林城东西两侧的市民。

在林奇书中记载的波士顿认知地图中（参见第47页（最后中文版对应修正）），查尔斯河岸边剑桥市对面的一带作为边界被人们认识，然而东侧的北角虽然实际上是河岸边的半岛状区，但却并没有被当作边界记录。也就是说，在当时，由于那一带被港口设施所占据，一般市民无法接近河岸，并没有被当作临河地区所认识，从而在认知地图上形成空白地带。

例如日本神户的沿海地区，虽然从稍远的六甲山上可以看出那一带紧邻大海，但由于被仓库或造船厂所占据，并没有被人们当作海岸的边界来认识。然而，20世纪80年代后半叶，随着产业结构变化，临海工业区的造船厂、钢铁厂等重工业产业减少，现在利用工厂和仓库拆除后的场地建立了临海公园，于是一般市民也可以直接接触到河岸，因此也就作为大海和城市的界限被人们所认知。

冷战时期的墙壁（1984年）

勃兰登堡门

穿过市中心的柏林墙

留在纪念馆的一部分墙壁
（2009年）

临河地区／英国·布赖顿

万里长城／中国·八达岭

■ **标志物/landmark**

标志物是在较远的地方可以看到，从而辨认自己的位置和方位的标记，它是易于从周围环境中被提取并识别的点状要素。

巴黎的街道由于并非棋盘状，虽然比较容易迷路，但埃菲尔铁塔在周围被限制高度的建筑物中显得尤为突出，这样的高度和它独特的外形一道，让它成为迷路时有效的标志物。

即便物理上的尺寸没有那么庞大，因建筑上的特征（形态、样式、材料等）而从周围环境凸显出来成为标识的某些对象也可以成为标志物。例如小洋楼及烽火台等，代表着当地特色的历史建筑便是如此。另外，广岛的原爆栋墓则因其形态昭示着爆炸后的凄惨而被人关注；同样的例子还有在空袭中失去顶部的威廉皇帝纪念教堂，现在也保留着当时的原状。这些例子作为铭记过往悲惨战争的纪念碑而存在，成为有着特殊意义的标志物。

一些平凡的建筑虽然没有突出的特征，但因某些历史事件被很多人记住，从而成为标志物，例如德克萨斯州的旧教科书仓库大楼。它曾经是暗杀肯尼迪总统的现场，现在作为展示事件经过的博物馆。

埃菲尔铁塔 / 巴黎　　　　绀屋町番屋 / 盛冈　　　　　　广岛原爆栋墓

左边的圆顶是德克萨斯州议会大楼，右边的钟塔是德克萨斯大学　　　　　　　　肯尼迪总统遇刺案事发现场 / 达拉斯市

德克萨斯州首府奥斯丁，虽然因地形平坦没有明显的特征而容易失去方位感，但有着州议会大楼和德克萨斯大学主楼的钟塔这两个标志物。将这两点用直线相连，便可以形成一条轴线，从而辨认城市的方位。

在这里形成的标志物，除了可以作为确定位置和方向的参照点，也成为城市的名片，在被市民喜爱的同时，常常作为视觉象征给访客们留下深刻的印象。

■ 节点/node

节点是人们的移动路线相互交叉，人流在此汇集而又从此出发的地方。它是活跃着多种不同活动的点状要素，常常带有标志物，从而明确指示出该场所。虽然同样是点状构成要素，但对于标志物的体验是从相隔一段距离的观察点获得的，而对于节点的体验则是在节点处进行某种活动时获得的。

节点的具体例子包括：多条主要道路交叉的路口或环岛，换乘不同路线的地铁站，作为不同交通方式（地铁、地面公交、船舶、飞机等）汇集地的站前广场、港口、机场等，以及人们日常聚集在一起的街区广场，或者举办大型活动时的城市广场。

公交枢纽 / 印度

独立广场 / 厄瓜多尔

东京站

勃兰登堡门 / 柏林

■ 区域/district

一系列具有同样物理特征的建筑物放在一起就会形成具有某种特殊氛围的区域。从俯瞰城市的航拍照片中就可以从纹理上区分细小建筑物聚集的地方和大型建筑物排列在一起的地方。在高层建筑整齐排列的地区几乎都是中央商务区或者政府办公区，错综复杂的细小纹理则是小型住宅集中的老旧住宅区。而大小介于这两者之间的纹理则是被商业区及公寓楼覆盖的地区。虽然区域的界限常常因土地利用规划，或者像中华街那样将入口处的大门作为界限而有明确的区分，但很多区域的轮廓并不那么清晰。

■ 环境认知的发展和学习

对于城市这样的环境，其空间构造庞大而复杂，人们是怎样认识它的呢？G·穆阿[33]等人以J·皮亚杰的认知发展理论为基础，将在空间中确定自己方向和位置时捕捉周围环境的方法，划分为以下三个阶段。

第一阶段是"自我中心定位"。这是根据自己的活动经验，依照拓扑关系*对路线进行记忆。例如，"在下一个路口右转"。但各条路线却无法被整合在一起。第二个阶段是"固定参照系"。这是对作为参照点的标志物进行辨认，并将它们之间的关系作为每个观察点各自不同的投影关系。但这仍然没有对全体形成结构化的认识。最后的阶段是"相互协调参照系"。这时，将多个参照点或路线构成的网络在一个平面上结构化，往返的路线以及捷径都可以形成抽象的印象。像这样源于儿童认知发展的阶段性成长过程，与成人刚开始在新环境中生活，随着时间的流逝逐渐熟悉周围道路的过程具有类似性。也就是说，由

办公街/东京·丸之内　　商业用地/神户·南京町　　郊外住宅用地/横滨

东京俯瞰图（左侧为涉谷，右侧为新宿高层建筑群）

---

* 拓扑学：欧几里得几何学中认为，线长不同或角度不同会成为别的图形，然而拓扑学中只以线的交叉方式进行区分，因而三角形和圆形认为是同样的图形。例如我们对路径进行记忆时，"三岔路口向右转"等说法，并不会对角度进行明确区分。这样的方式也可以被认为是拓扑学。

对路径的记忆片断开始，进而将其连接形成链状、树状及环状，最终形成网状记忆。

■ 由地址标识看寻找目的地的文化差异

从欧美来的人很难仅靠地图和地址找到日本朋友的家。这是由于日本地址的表示方法与欧美完全不同。

在日本，当我们展开东京都的地图，根据地址寻找目的地的时候，例如世田谷区中马的2丁目，虽然我们可以比较顺利地从大的区域逐渐缩小到小的范围内，但2丁目里面的地区号的排列规则却不得而知。而且，由于作为街区单位的丁目是根据道路来划分的，道路左右两侧丁目的名字也可能不同。不过在日本也有例外，也有如京都那样同一街区的丁目中间夹着道路的城市。[34] 例如庆祝祇园祭典的山矛町活动是以道路为中心进行的，这样的划分对组织街区活动便会很方便。

而在欧美，所有的道路都会被命名。实际上在意大利热那亚，即便是仅有5米长的街道也有自己的名字。而每一条街道又有规范的地区号。以下图中美国的拉斯维加斯为例，在地图上根据索引寻找Rose Street，然后根据地区号的排列可以很快找到4255号大致的位置。在街道左侧的地区号是奇数，右侧是偶数，此规则也是固定的，所以很容易找到。

这两种不同的地址表示系统反映了寻找地点时所用图式的基本区别。日本偏重于面积上大小不同的地区（即凯文·林奇要素中的"区域"），并根据其大小等级形成空间的结构。而欧美则偏重于具有线状要素的道路（相当于林奇五要素中的"路径"），形成由不同名字的线构成的矩阵型城市空间结构。

日本为何没有将地址表示成直观的空间图式呢？究其原因，因多变的地形而形成的特征各异的区域让区域分割比较容易则是其中一个理由。

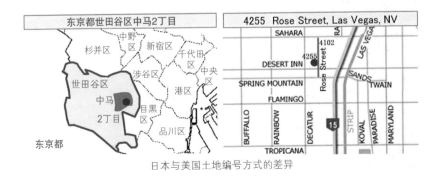

日本与美国土地编号方式的差异

广场的使用方法：
墨西哥公共空间的层次性

图示（上部）
House　　Barrio
City
具有自相似性的城市结构[35]

街区广场

阿鲁马斯广场

位于墨西哥东海岸的韦拉克鲁斯虽不是观光胜地，但由于是最早的西班牙殖民城市，作为贸易港口一直繁荣至今。在它的旧城区里，不仅有殖民地风格的建筑和城市设计，还散布着大小各异的广场。时至今日，这些广场仍然被很好地利用着。位于市中心的阿鲁马斯广场不但被大教堂和市政府等历史建筑包围着，还有鳞次栉比的酒吧和咖啡厅，成为富有活力的市民休闲场所。每到夜晚，这里还会架起舞台，大量爱好舞蹈的市民便会聚集在此。

从阿鲁马斯广场步行几分钟，便可以来到一个小规模的街区广场。虽然不是每晚，但在固定的日子里会有乐队到来，把这里变成室外舞池。坐在面朝广场的小咖啡厅门口的桌边，便可以一边喝咖啡，一边欣赏聚集于此的男女老幼的舞蹈和音乐。这里就像是城市中央广场的迷你版一样。

D·伍德在他1969年的论文中提到，城市的结构是由不断复制小尺度的布置形式而形成的，从住宅尺度扩展到街区尺度，直到整个城市的尺度。墨西哥住宅是以被称作Patio的中庭为中心，四周环绕着房屋的庭院式住宅。在西班牙语里街区被称为Barrio，在每个街区的中央还有一个小广场。而在城市中心，还有被称为Zocalo的中心广场。于是通过不断复制相同的形状，构成了自体相似的空间结构。

而更加有趣的是它们被使用的方法。住宅的中庭是小孩子们玩耍的场所，街区广场是属于青少年的，而城市中心广场则是更年长一些的青年和成年人娱乐的场所。就像政治、宗教、节日一样，由最低级别的场所活动逐渐向在更高级的场所活动过渡。

在日本的城市里也设计了被称为广场的空间。然而这些空间通常被认为没有很好地利用。那些从童年开始就与他人在公共空间中共处并学习如何正确地共同利用的人，与那些从小规模的空间开始逐步学习的人有着根本的不同。虽说使用广场不过是墨西哥以及南欧的传统习惯，但确实起到了让孩子们继承文化的作用。为了将空间文化化（enculturation），人们有意对其进行了阶段性的区分。这也是对日本的公共空间如何设计、如何利用的一个启示。

承德 / 中国

6. 喜爱

场所依恋

　　我们把一个人与其成长环境间形成的心理上的牵绊称为"场所依恋（place attachment）"。典型的例子便是人们对养育自己的故乡所怀有的乡愁。诸如此类对场所的依恋可以让人们更加关注并认识自己生活的环境，从而想要付出自己的行动把那里建设得更好。于是，这种依恋便成为共同居住在那里的人们建立美好社区的原动力。然而，城市中的新居民往往在这方面意识淡薄。本章将着重探讨形成场所依恋所需的必要条件。

■ 场所依恋的作用

我们对养育自己的故乡有着依恋之情。在故乡的山水之间人们会感受到各种各样的体验，歌曲《故乡》里描述的便是由于这样的体验对场所形成的心理上的联系。在那些偏远地区旅行的时候我会想，为什么人们愿意长期居住在自然环境如此恶劣、生活如此不便的地方呢？那是由于生活在当地的人们同他们成长的环境间形成了心理上的牵绊。如果我们理解了这样的牵绊，便不难理解他们了。

然而，在新开发的城市中虽然聚集了各种各样的人，但居民们却很难对新居住地产生依恋之情。这样的状态下，人们往往不关心身边的环境，于是环境维护便会被忽视，邻里关系也很难变好。由于互相守护对于防止犯罪和灾害而言十分重要，社区活力的低下将使社区在犯罪和灾难的防护上非常脆弱。因而，如何使新居民们对新的场所产生依恋，对于市、区行政部门来讲是一个十分重要的课题。

当灾害发生时，如果自己的住所受损严重以至于无法居住，人们是会选择离开，还是留下来互相帮助重建家园呢？是受他们对居住地的依恋之情而左右的。当年神户大地震时，在居民们团结程度高的地区，人们相互协助，用水桶接力，成功扑灭大火，最终只有这样的地区免于被大火烧毁。一般发生灾害后，消防、公安等公共机关（公助），很难立即起到作用，于是便形成了需要人们自己来保护城市的局面（共助），在这种情况下，那些对自己居住的社区抱有依恋感的居民们，他们之间的相互协助便是不可或缺的力量。

从防止犯罪的角度来说，居民对城市的依恋是十分重要的。对此，我们会在第八章详细阐述。作为防止犯罪的手段之一，对住宅周边环境的维护程度和居民间的互相照料（自然监视）是十分重要的。也就是说，在修整完好的居民住宅周围的半公共空间里，体现着居民们对家园的关心和日常来往，这会对准备入侵的犯罪者形成威慑。

如果让彼此比较陌生的新居民聚集生活，又或者让人们在本身缺乏魅力的新城中生活，很难培养出对场所的依恋。为了了解如何促进这种感情的形成，我们首先需要整理依恋之情的构成因素。

在养育了当地居民的故乡人们会对他形成强烈的依恋

在新城很难培养依恋之情

■ 场所依恋的形成条件

回顾关于场所依恋的既往研究，小俣谦二[36]将其构成要素分为三个维度。以此为参考，我们将构成地域依恋的要素整理如下。首先是"情感维度"，即对故乡的眷恋之情，对那里的归属感、自豪感，以及失去后感受到的哀伤等。第二是"认知维度"，即关于城市的知识、对那里的记忆及评价等。最后是"行动维度"，包括参与城市的维护、管理和各种集体活动，以及能否长期居住等方面。下面我们将从各个侧面的具体事例出发，来考虑场所依恋的形成条件。

■ 拥有让人自豪的城市象征

对城市产生依恋的原因之一，是在情感维度上具有让全体居民都可以感到自豪的城市象征。例如自己的城市拥有"城楼和让人平静的古城风情"，亦或是"每天清晨能欣赏富士山的乐趣"，等等。这些特征同时又可以用来表明各个城市的身份*。外人可以在看到照片后辨认出那座城市，生活在那里的人们也可以向外人传达我们城市所拥有的这些引以为豪的事物。

拥有能够让人自豪的城市象征，不仅是为了创造对外形象，对于生活在那里的居民们更是非常重要的一部分。例如，当人们从旅行途中回到家乡时，神户（日本兵库县神户市）人从车窗看到六甲山后就会有安心感和"到家了"的感受。这时六甲山便成了神户市的象征（地标）。

熊本城

富士山 / 日本

六甲山 / 神户

艾尔斯岩 / 澳大利亚

---

* 身份（identity）：某人与他人不同的被自己以及周围认可的固有人格。对于城市而言，是特有的自然风景、街貌等，展示该城市独有的特性，也可以说是在该城市里的人类活动经过时间累积而形成的记忆。

一片土地的地标往往会成为带有宗教意义的神圣场所。艾尔斯岩是位于澳大利亚大陆中部沙漠中的巨大砂岩岩层，被阿男姑人（澳大利亚原住民）称为"乌鲁鲁"，成为当地人们崇拜的并可以净化心灵的圣山。

在新开发的城市，很少具备既有的自然或历史性的突出标记作为地标。因此，我们需要有意识地开发、创造让当地居民关心并为之自豪的事物。如同第一章中所述，悉尼的歌剧院也可以称得上是成功案例之一。

很多人由于离开已经习惯了的家乡而患上思乡病。这是因为离开了能让自己平静的环境所产生的伤感之情。近些年，即使是在自己没有移居的情况下，同样会由于城市再开发等因素导致生活环境大幅变化而感到哀伤。我们暂且不说那些可以成为地标的东西，有时，当人们失去当地原本常见的某个地方之后，或面对即将失去的危机时，也会突然发觉那个地方一直未被察觉的重要性。为了保证城市开发后，那里的环境仍然令当地居民喜爱并感到满意，我们需要首先理解那些被居民们喜爱但不易察觉的是什么样的地方，然后考虑在保留这些地方的同时进行开发的方法。

■ 有关城市的知识

认知纬度上的第一部分内容是关心和理解自己居住的城市和周边地区的自然（地理、植被等）。由此，人们可以对城市形成明确的印象，并能准确地确定自己的位置。这样的知识便是人们产生对城市留恋之情的第一步。下面的照片（左）是日本某座城市的宣传单，传达着人们所居住的城市的植被信息，又确定了以"市树"作为城市的象征，以此来获得人们的注意和关心。

此外，了解自己居住的城市和周边地区的历史状况也十分重要。例如在某个地铁站内，人们把车站周边过去的照片和地图等烧制在墙面上，让上下车的旅客了解周边的历史。

横滨市的宣传单[37]

横滨市营地铁元町中华街站站内

在历史悠久的古城中，人们可以通过残存的旧武士住宅的房屋排列感受历史，当地居民们也会因此感到自豪。与之相对，新城由于建在未经开发的地区，因而很难有前者那样为人称道的历史。但在很多地方随着挖掘，会逐渐有遗址被发现。因而有些地方自治体和NPO组织通过主办例如"寺院环游漫步之旅"等活动，让人们对身边的环境重新认识，从而提高他们对当地的关注度，于是我们也就可以期待场所依恋的产生了。

■ 城市中拥有存放记忆的地方

认知维度上第二部分内容，是城市中拥有可供人们存放记忆的场所。即使城市中没有众人皆知的历史故事或遗产，只要有居民生活的小插曲，例如小时候曾经和谁一起走过河边的林荫道，在湖畔边上和哪个人聊过天，等等，那些与回忆相关联的场所存在于城市中，便会加深人们对那里的依恋之情。那样的地方将具有唤起探访者回忆的机关。因此，城市理想的状态就是可以让人们亲近空间，存放记忆，让人可以回想起一段段快乐的往事。

有历史气息的金泽街貌

让人联想起过去的回忆

留下自身记忆片段的地方

■ 城市宜居程度的评价

认知维度上第三部分内容是关于城市宜居程度的。人们常说无论什么样的场所，居住时间长了就会喜欢上它，所谓的"久居为家"，可是果真如此吗？居民们一早起来去上班，晚上回到家中只剩睡觉的"睡城"，作为居住地来说恐怕得不到很高的评价。如果在城市里建设了必要的配套设施，那里就不会是一个单纯的睡觉场所，而是一个可以生活的城市了。可见，延长在城市中的停留时间，是对城市在心理上形成牵挂的关键。

为了让人们在休息日里也愿意在自己居住的城市中度过，城市中还应具备图书馆等公共设施，以及绿化程度高的公园和草地等空间。另外，住所附近美味的面包房、别致的餐厅也是城市必要的配套设施。

在法国，大规模工厂制造的廉价法式面包，在超市里销售时吸引走了大量顾客。据说由此有人感叹而呼吁"吃在自己街区面包房中烤出的手工法式面包。"在日本，市内既有商业街与郊区新建的大型商场争抢客源成为热点话题之一，我们期待着即便是新城区，如果具备藏书丰富的图书馆等公共设施，以及面包房、餐厅等齐全的配套设施，而产生相对于其他城市的骄傲感，也会由此产生对城市的眷恋。

可以随处涂鸦的沙土广场

美味又舒适的餐厅

有特色玩具的公园

可以进行球赛的宽广草地

■ 城市邻里间的协同

最后则是行为的维度。如果居民们为了让自己居住的城市更加安全舒适，自发地朝着某个目标而共同努力，那么这个过程便会与对家园眷恋的形成联系在一起。例如，城市清扫、治安巡逻等日常活动，定期的防灾演习，以及参与准备一年一度的地区节日等活动。分享和继承这些活动中的辛苦和快乐增强了对城市的归属感，邻里间的感情也就逐渐形成，进而培养出了对家园的眷恋。

在迎来高龄化时代的今天，地区环境维持和管理的志愿者活动便可以成为退休者活跃的场所。然而，从一次针对地方志愿者组织的调查[38]来看，这些组织的运营有着相当大的难度。例如，即便成为会员，一旦实际开展的活动同入会时的期待不一致的话，人们也不会长期持续下去。今后，还需要通过在布告栏和网页上详细介绍活动内容来募集参加者。

根据各地区情况不同，一年一度的节日和祭祀活动可能持续数周。博多祇园山笠便是一个例子。它从7月1日开始，持续到15日的最高潮即追山车活动为止，在市内都可以看到静态的山车，而10号以后，在城中各处还会出现肩扛的移动山车。在此期间，整个博多都和扛车手们一起呼吸着周围热烈的空气。身着全套水法服的扛车手们与向他们拨水的人们一道，让城市的整体感和凝聚力得到增强。

横滨市的宣传单[37]

正在清扫社区的志愿者

博多祇园山笠节的山笠，千代流（町）的集合场所

楼梯间的集体留言：
对商店的留恋

某座百货商店因老化严重而决定改建，被拆除前，人们策划了一场活动：商店人员将建筑物一至六层楼梯间墙壁开放作为"涂鸦角"。

虽然这家商店多被称为"百货商店"，却不知从哪里散发出"杂货铺"的气息，从家用电器、日用品到生鲜食品一应俱全。因为那里离车站较远，60多年以来客源一直限于周边居民，也就和他们形成了非常紧密的联系。也许是由于充满手工气息的指示牌和气氛等原因，就算是初次到访的人也会感到怀念和亲切。

虽然叫作"涂鸦角"，但是因商店即将休业而感到惋惜的人们所留下的寄语，更像是毕业分别时刻留言簿上的话语和图画。在那里，有店里做的小菜、顶层餐厅的和式那不勒斯面、圆筒冰淇淋等难忘的菜品，有祖孙三代多年的回忆，有送给一直以来关照大家的店员们的话，有送给店里的话，还有以前经常光顾但现在已经搬到远处，此次听到改建的消息专程来访的人们的留言，说到改建后还会继续光顾。

这些留言中包含的，不仅是对建筑这个具体事物，更是与在那里工作的人们一起培育出的眷恋之情吧。

对于某种环境或者建筑的眷恋常常是在它消失的那一刻，人们才会感受到这份情感的存在。我们有必要重新审视自己居住的城市，发现一些自己不想失去的地方，然后重新认识它们对于自己的重要性。

因为陈旧将被拆除的店铺的入口

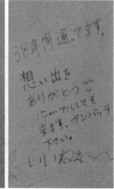

店家为"涂鸦角"准备的蜡笔

楼梯间"涂鸦角"的墙壁上布满了人们的寄语和图画

7. 获取空间

公共空间的生态学

在人群聚集的都市中，有这样一种现象：人们在等公交地铁的时候，或者在地铁里选座位的时候，往往会与他人保持一个适度的间距；还有，我们在与他人谈话时也会无意识地与他人保留一个恰当的距离。关于这种现象，本章会从动物行为学说起，探讨在高密度人群居住的都市环境中，作为人们之间信息交流的调节机制的个人空间（personal space）、领域（territory）及私密性（privacy）的动态，以及结合这些动态的宜居城市环境设计。

■ 动物的距离调整行为

美国人类学家爱德华·霍尔（Hall E.T.）[39]在20世纪60年代提出了研究人际间距离调整行为的空间关系学（proxemics）。作为引导，他提出了关于动物之间空间调整的动物行为学的一些见解。

首先，我们来看不同种类动物间的空间距离调整。例如，斑马在草原上即便是察觉了狮子的存在也不会马上离开，这里面存在着直到狮子接近到一定距离的时候才开始逃窜的逃离距离；而且不只在这种单方面掠食时的逃离行为中，动物在相互争夺的时候，如果互相靠近到一定距离，就会采取攻击或者为了避免无意义的争斗而逃走的行为；以上无论哪种情况都存在着一个引发争斗或逃离的临界距离。如此这般，不同种类的动物在相互调整空间距离的同时，共同生存在有限的自然空间中。

其次，同种类动物之间，除了像河马和猪这样喜好触碰的接触性动物以外，大多数的情况下，动物会彼此保持一定的距离（个体距离）。我们常见的保持等间距的水鸟就是典型例子。这种个体距离的大小往往取决于在群体中的地位高低，通常种群首领的个体空间要大一些。反之，个体距离太大，即个体脱离群体太远就会被掠食者盯上，同时寻觅伴侣也很困难，因此群体中的动物会保持一个某种程度上比较接近的距离（社会距离）。

■ 个人空间

关于人类的空间调整行为，我们常常会引用在水边休憩的情侣的例子，他们往往会采取近似等间距的方式席地而坐。还有平日我们经常可以看到的等公交的队列也是如此，细心观察你会发现，人与人的间距有着微妙的个体差异；此外在海外看到的队列间距也有不同，一不小心与前面的人间距拉得太大的话，就有他人插队进来的危险。有意思的是，地铁里人们选取座位的时候也是有规律的。座位如果是空着的话，大家首先从两边开始坐，其次是正中间，最

水鸟的空间距离调整

在岸边席地而坐的情侣／神户

后是其间的座位。如此，人们尽量与陌生人保持着距离。

心理学家萨默（Sommer R.）[40]用个人空间（personal space）这一概念来解释这种现象。个人空间是指人体四周不允许他人侵入的领域，可以比作人眼无法看见的一种气泡。这个领域并不是以个体为中心的规整的同心圆，而是前面宽、两侧与后面窄的不规则的椭圆。这里的私密空间与后面要讲述的领域（territory）的概念近似，但前者还具有随着个体移动而移动的特点，也被称作移动式领域（portable territory）。如此将个人空间比作气泡，会让人们很容易理解其大小形状，但也容易被人误解个人空间具有明确的边界线，这并不恰当。这是因为随着他人的靠近，人们感到不快的程度也产生着阶段性的变化。

个人空间会随着人从幼儿到成人的成长过程而变大；一般而言，女性的个人空间需求比男性要大。然而，这是由社会、文化的影响导致的，在不同社会中这种需求倾向也表现得大相径庭。简而言之，个人空间是人类共通的为了自我保护和防卫的距离调整机制。

有人针对屋子大小、天花板高度及屋内外高差等物理因素对于个人空间的影响进行了调查，发现物理空间较小的时候，人们与他人之间的安全距离反而有较大的倾向。根据环境、状况的不同，个人空间会发生相应的扩张和缩减。

事实上，我们也并非一直想与他人保持距离，也会有与他人靠近的需求。处于接近和远离之间的平衡点便是最佳的人际距离。

排队买票的行列 / 中国·长春

有轨电车里的座位选择 / 东京

旧街区广场的杨·胡斯（Jan Hus）雕像四周 / 捷克·布拉格

■ 非语言交流

爱德华·霍尔（Edward Hall）[41]对人际距离和交流的关系进行了论述，其理论被称为接近行为学（proxemics）。他认为这种关系可以解释为"空间的语言"，认为这是人们保持一定距离的一种非语言的交流*。从两个人的距离，我们可以看出他们是什么关系，在进行怎样的谈话，他将人与人之间的距离分为四个阶段。

第一阶段是拥有亲密关系的人之间的"亲密距离"，这个距离内双方可以相互看到对方的表情、瞳孔的扩张等微妙的变化，在能确切地感觉到体温、体香等变化的有效距离内也能很轻易地与对方进行肢体接触。不亲密的两个人也会有彼此特别接近的时候，但通常仅限于争吵或威胁对方的特殊场合。

第二个阶段便是非正式场合的聊天以及围着小桌子团圆的家人、朋友之间的距离，可以用"个体距离"来解释。这种距离范围内，我们可以很清楚地分辨对方脸上的表情，也可以很轻松地与对方握手或传递东西。

同样是在桌前，严肃的会议或会谈讨论时采用的距离则是"社会距离"。在社会距离内，我们能将对方的姿态全部收于眼底。

而在公众场合演讲之类的单方面交流通常采用"公众距离"。演讲者并不只针对单个个体，而是对成片的人群进行讲话；另一方面，听众则拥有自由出入的权利，就像街道边一样，随时可以离开。

密接距离
靠近时：0~15cm
远离时：15~45cm

广场的座椅/布拉格

个体距离
靠近时：45~75cm
远离时：75~120cm

站着闲谈的人/土耳其

社会距离
靠近时：1.2~2m
远离时：2~3.6m

学会中的讨论

演讲者角落/英国海德公园

公众距离
靠近时：3.6~7m
远离时：7m以上

接近行为学里人与人之间距离的四个阶段 [41]

---

* 非语言交流（nonverbal communication）：指不通过语言的方式进行信息传递。与意图无关，而是通过人的行为举止、随身物品、服装、住居、甚至家里摆放的家具等特征讲述关于此人的故事。在此用于表示人们空间距离的亲密程度。

■ 圈地行为

　　动物圈出的领地（territory）是指个体或集体不允许同种动物侵犯而占有的地理空间领域。领地主要有三种功能：① 保障食物来源的场所；② 繁衍子孙后代、延续基因；③ 在领地内保持自身对于入侵者的优势地位（主场优势*）。

　　与动物一样，人类也具有圈地行为，但这种行为的机制比起上述的动物学功能要复杂得多。圈地是通过领地标记（territory mark）来表现领地界限的。有些领地标记一目了然，比如环绕城镇的城墙、象征性的门楼；而有些则是暗示性的标记，需要仔细推敲理解。

　　例如美国郊区独立住宅，虽然大多从公路到大门前没有围栏或围挡，然而精心照料、修剪的草坪通过其清晰的边缘暗示着住宅领地的边界。不熟悉这项潜规则的来客如果一不小心踏入领地内的草地，即便是被主人用枪打死也会因侵犯私宅的缘由而很难得到申辩。与此相对的，伊朗的传统中庭院落直接通过街道边高高的围墙和大门来区别内外。

　　领域一词不仅针对个人，也针对家族或同一集体的集体领域而言。生活中，领域的范围从个人住宅向居住小区、市区、地区（都道府县）、国家，甚至到各大洲、全球，这样一层一层地由小而大地扩展。

拥有暗示性领地边界的美国郊区住宅

2500 年前三层水渠环绕的城市遗迹 / 中国·淹　　临街的墙壁围出的领域 / 伊朗·亚兹德
城遗迹

---

* 主场优势（home advantage）：指动物一旦先占领某个空间，对于后来想要进入空间的其他动物具有"先入性效应"的优势。在体育运动中，在主场（home ground）比赛的时候，比起在客场更容易取得胜利，这一现象便能说明此问题。

■ 密度和拥挤

　　向世界性大都市集中的人口流动造就了许多人口过密的特大型城市，从而产生了人口拥挤带来的巨大压力。有学者通过对动物行为的观察和实验*，尝试验证人口过密造成的压力会带来的严重后果。然而，客观上的人口密度大小与消极的主观评价，即拥挤与否未必会有直接关系。比如，在派对上人多的话会更热闹，气氛会更活跃一些。另外，即便在顾客满席的餐厅里，如果出菜的速度够快的话，也不会觉得拥挤；这个时候，是否感到拥挤往往取决于顾客对服务的要求与饭店所提供的服务是否一致或取得平衡。

■ 空间行为的总体模式

　　奥尔特曼（Altman I.）[42] 在阐述个人空间、领域的时候，认为他们都是达到私密性需求的一种手段，并结合拥挤将它们联系起来提出了空间行为的总体模式。在此，私密性是指针对自身或所在团体对于外来者的接近或情报流动的控制。如果在抑制对方接近的行为或情报流动控制上失败的话，就会造成拥挤的现象；反之则在社会中被孤立。因此，为达到理想的程度，我们都必须通过个人空间等机制来调节行为。

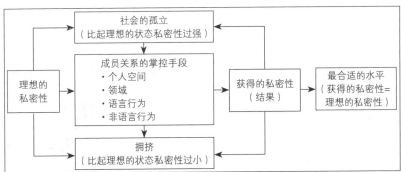

奥尔特曼关于私密性的模型 [42]

拥挤/孟加拉国·达卡

巴黎的咖啡店

---

　　* 克里斯丁等人（Christian J.）[43] 在加拿大的詹姆斯岛进行了观察，发现处于过密状态的日本鹿由于压力大量死亡；此外卡尔霍恩（Calhoun J.）[44] 也对老鼠在过密状态下进行了实验，写了关于过密引发了老鼠的攻击行为以及性的异常行为的报告。

■ 空间设计中的应用

加拿大精神科医生奥斯蒙德（Osmond H.）[45]注意到椅子的布置方式会促进或抑制人与人之间的交流。他将促进交流的布置称其为社会向心（sociopetal），称抑制交流的布局为社会离心（sociofugal）。

常见的社会向心的典型例子便是一家人围着餐桌而坐的情形；另有户外的例子，如照片①所示的公园凉亭里向心而坐的圆弧座椅。大家坐在里面彼此能看到对方的脸，视线交会，这给陌生人之间创造了谈话的机会。照片②中酒店大厅里椭圆形小岛一样围合的沙发也是社会向心的例子。但是因为这个小岛与周边隔开，一旦有两个人坐在里面，很快便支配了整个空间，从而使后来者难以进入。

关于社会离心，我们常见的就是机场候机厅。椅子成排布置，椅背相靠，减少陌生人的干扰。另一例便是车站前广场的喷泉及站内大圆柱周围环绕的座椅，这种社会离心的布置方式在等待空间中可以经常看到。

社会向心并非意味着交流可以自动地得到促进，而是场所原本就有交流上的潜在需求，才能通过社会向心有效地发挥作用。

促进交流（社会向心）

抑制交流（社会离心）

专题

公共空间的居所：
大家的共有空间

在城市中，人们常常选择在站前广场、公园、绿荫路两旁这样的公共空间停留休息。一个人在读书或外出工作的时候，都倾向于选择能够与他人保持一定距离，能够安静并集中注意力的地方。这种公共空间场所的选择可以说是为了保证私密空间而采取的与他人保持距离的行为。

但是，对于陌生人我们并非常常消极地对待，为了寻取热闹和安心感，时不时我们也会受到他人的行为牵制。比方说人们在外面吃饭会怎样呢？特别是一个人出去吃的时候，发现有人已经在那里吃着饭，即便是不认识的人，也会感到安心而容易也在那个场所进食。等待的时候也一样，如果旁边也有人在等人会排减孤单的感觉，特别是在晚上还能增加预防危险的安心感。

以休息为目的时候，我们喜欢选择拥有美丽风景的场所。而且不只是美丽的风景，人来人往的人流及当地居民生活的样态都是欣赏观看的对象。不管是哪种情况，场地如果被划分得太小，就会被一个人或小集体占有，而其他人便很难利用和进入[46)]。

如上所述，在公共空间里，人们很大程度上会受到共用空间中人们的心理和行为的影响。大部分人都根据自身的目的和心理状态自由地选择舒适的停留所，因此，设计上考虑公共空间相应的设施是十分重要的。

就餐 / 纽约

休息 / 悉尼

工作 / 东京

阅读 / 纽约

涉谷中心街道 / 东京

8. 预防犯罪

城市的防范

　　圣路易斯市Pruitt Igoe居住区是由设计竞赛中脱颖而出的知名建筑师设计建成的，但仅仅经过了20年就被当地政府废弃炸毁，原因是建筑设计在一定程度上导致了此地高发的犯罪率。这件事日后便常被引用作为建筑空间的形式对人的行为产生影响的极端例证。那么，究竟哪种建筑环境空间会诱发犯罪或者预防犯罪呢？本章总结整理了关于预防犯罪设计的基本理论，并结合实例来说明这一问题。

■ 易于防范的空间

美国建筑师、城市规划师O·纽曼[47]在环境心理行为学的黎明期1972年写了《易于防范的空间》一书。针对不同地区会导致不同犯罪发生率的原因，同一地区高层住宅相对低层住宅犯罪率高的缘由，以及在集合住宅中哪种地方易发生犯罪等问题进行了调查。研究总结了易于防范的居住空间三原则：①领域性；②自然监视；③建筑的印象和场所品质。在这里，由于当时美国公营住宅一直存在负面印象，而且当时美国社会也很关注建筑选址中对于周边环境的考虑等问题，原则③的提出有它的特殊性。这与当今日本的情况有很大区别，不具有参考性。因此，本章只讨论领域性和自然监视两点。

领域性（territoriality）：指像动物圈地并进行守护的行为一样，我们人类也会区分公众使用的公共街道以及私有的家人住宅，圈出不同层次的领域界限。同一个居住区的居民、同一栋楼的居民都很清楚大家共有的集体领域，通过明示这些领域的边界可以产生抑制入侵者接近的效果。具体而言，通过"无关人员禁止入内"的招牌、与道路有高差的台阶或者路面铺装的变化，甚至象征性的门来区别内外，形成入侵者的心理障碍。另外，细心修剪的植物、居住区内公共空间的维护都是凸显居民领域意识的重要手段。

通过大门明确边界

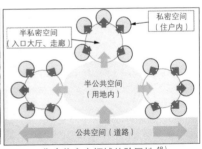

集合住宅中领域的阶层性[48]

管理·清扫（显示了居民对空间的干预程度）

从外面可以看见的电梯大厅

自然监视（natural surveillance）："自然监视"是邻里间相互监守，从而达到抑制犯罪发生的功能。这个想法可以追溯到城市规划评论家简·雅各布斯[49)]在《美国大城市的死与生》一书的评论，他提出，街道上人与人之间的互相接触，可以成为监视犯罪的耳目，从而让街道更安全。在当时，被称为汽车中心的洛杉矶的强奸犯罪率是排名第二的圣路易斯的两倍还高。人们普遍认为这是由于道路上的行人少的缘故。

关于自然监视在建筑设计中的运用，我们要避免出现视野不开阔的死角空间，合理考虑窗户的配置和平面设计。特别是对于那些不容易被人看到从而引发犯罪的电梯内或走廊下的空间，要把它们设置在从外面就可以看到的位置，或者视野开阔的地方，都能有效地预防犯罪。

儿童游戏场地里的座椅，不仅是为带孩子的父母考虑，也可以成为老年人交谈的场所，同时也能够监护自己的孩子以及其他的儿童，可以审视其他闯入场地内的可疑人员，等等。关于儿童公园的设计与犯罪发生率的关系，调查显示，人眼越不容易注视到的公园，*犯罪率也就越高。此外，夜晚从道路两旁住宅中溢出的灯光，不仅会让街道更明亮，还能够给予路人被守护的安心感。

来自游戏场座椅的自然监视

来自道路两旁住宅的灯光缓和了内心的不安

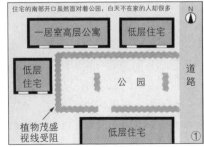

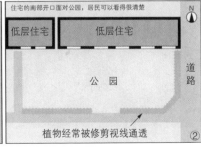

犯罪率高的公园①，犯罪率低的公园②（朝日新闻 1997 年 4 月 17 日；小部分修改）

---

* 人眼不易注视到的理由，可以归结为围合公园的植物生长过于茂盛，视线不通透；住宅面对公园的是窗户很少的北面；或者即便是南面对着公园，也是住户经常不在家的一居室公寓等原因。[50)]

■ 通过环境设计预防犯罪

以Jeffery C[51]的《通过环境设计预防犯罪》一书为起点的理念被称作cepted，在欧美得到普及并被用于实践。前面讲过的纽曼原则主要着眼于建筑空间，特别针对在集合住宅中如何抑制犯罪，并在物理性设计中提出指导性方针；而cepted的理念则着眼于更广域的犯罪预防，比起场所所具有的领域性而言，更注重于社区维护及促使人们对防范意识的积极行为的研究。

关于监视，相比于窗户配置等物理要素对自然监视的作用，纽曼更强调保安等有组织的监视或摄像机机械监视的有效性。近年来，在各种各样的公共空间里设置监视器，确实对于犯罪分子的检举很有帮助，但从保护个人隐私方面考虑，必须控制提取录像的使用。另外，Jeffery也指出了白天与黑夜的不同、随着时间变化场所状况的变化等，也就是那些不能只由空间决定的各种因素。他提出合理设置不易犯罪场所的重要性，以及相互交流在防止由空间距离而产生孤独状况的有效性等。当今社会，我们期待手机等轻便的交流手段也能在防止犯罪方面产生效果。

有监控录像的告示牌

行人很少的用高墙或施工围栏围合的小巷

组织监视（繁华街道中的派出所）

监视系统（中国·防灾中心）

■ 情景犯罪的预防

R·Clark[52] 关于情景犯罪的预防是指对于特定场所（邻居）的特定犯罪进行的战术性防范，基本上是以"日常行为理论"和"合理选择理论"为基础。它不像以前的犯罪学，只追求犯罪者个人的一般心理学、社会文化背景及动机，还具有根据特定场所和状况对焦犯罪行为的特征。

日常行为理论认为，犯罪分子像我们日常生活一样，习惯性地进行活动，并从中选取下手的对象。因此，我们可以从犯罪分子的活动范围，了解犯罪场所的地理分布、案发频率，甚至犯罪分子喜欢利用的特定设施以及犯罪的时间特性等。因此，如果我们合理安排、利用场所的话，就可以避免与犯罪分子接触，从而避免受害。

合理选择理论提出，犯罪分子在决定是否犯罪时，会衡量并合理判断犯罪的既得利益和成本（被逮捕的风险）。因此，为有效地预防犯罪的发生，可以采取以下措施。例如在自助购物机里保留少量现金，推进预付卡的使用，从而使犯罪的既得利益减少；加强防护措施，使得犯罪所需的时间和人力增加；安装监控录像，增加犯罪分子被逮捕的风险等。

从住宅入室盗窃行为的合理判断过程考虑，入户控制是至关重要的。我们可以通过之前提到过的领域标识进行心理暗示，设置象征性屏障，并通过真正的物理屏障来阻挡入侵。极端例子是美国南部和西南部近年来出现的要塞社区，将整个镇子像要塞一样围合起来。关于这个例子，比起实际的防范效果，有人认为这更是一种开发商为了抬高房产价格的一种市场战略。另外，有批评指出，这种模式使社区内部与周边地区缺乏社会交流，也容易助长内外居民的等级分化。过于排他的防御很容易让人联想到伦理问题。

犯罪的时间特性①，可以减少犯罪既得利益的电子货币②，增加犯罪成本的防范③

■ 对防范设计理论的疑问

关于自然监视，有人认为即便是看得到的地方，行人也可能不会留心，即使是热闹的街市也不能说绝对没有犯罪发生，有人群的地方也未必会保证绝对的安全。而且，无论是自然监视还是机器监控，都有关于隐私侵害的批判之声。另外，如果考虑到公园、街旁的树木都干扰自然监视而一味去掉的话，反而损害了景观。对于这些质疑，很难找到一般性的答案。但是，我们可以理解预防犯罪和居住环境的舒适性是不可两得的权衡*关系，只有根据具体的案例情况调整两者微妙的平衡，通过实践去探索答案。

对于预防犯罪的环境建造最猛烈的批判是犯罪转移的问题。它是指如果某个建筑物或者街区的防范提高了，那么犯罪分子便会转移目标，犯罪总量并不会减少。对于这项批判我们无法提出明确的回答。然而，根据犯罪的种类来看，犯罪分子并不会如此频繁地移动，我们期待防范环境的设计对于抑制犯罪行为的发生会有一定的效果。

■ 集合住宅的防范、安全性规划

追究犯罪原因并不应仅从社会学决定论考虑犯罪分子的个人因素，我们也应关注犯罪在何时何地发生，从环境犯罪学的观点出发，研究城市中何种场所容易发生何种犯罪。

虽不是城市尺度，但下图的例子却展示了人们在高层集合住宅的户外空间感觉不安的场所，与来自周边建筑窗户里的视线（自然监视）两者关系的研究结果。[53] 把居民感觉不安的场所的问卷调查结果（②）与用地范围内的视线辐射量（③）相比较，可以明显看出视线量不足的地方容易感觉不安，说明"用视线量讨论防范性"这一方法的稳妥性。今后有望通过这样的研究以明确环境的物理状况对心理的影响，用于支持安全集合住宅的发展规划。

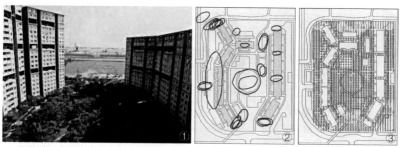

居民对于高层集合住宅户外空间的防范性评价②与视线辐射量的分布图③的关系 [53]

---

* 权衡（trade-off）：指求取一方后，另一方就会失去，不可同时兼顾的状态或关系。也指在这种情况下进行的妥协，如让步、赔偿或交易等。

■ 体感不安

和其他国家相比，日本的犯罪率依然处于低水平。然而近年来，人们对犯罪的恐惧和不安在扩大。我们将这种与实际较低的遇害风险并不相关的不安感称为"体感不安"。

以前曾听闻美国某环境行为学专业的女性研究者主张，"城市的不安全让女性受到了差别对待"。出于对犯罪的恐惧，女性不得不控制外出的场所和时间，这阻碍了平等地公众资源使用*。在对日本女学生的采访中，关于夜晚从车站回家的问题，更多的人会选择即使有些绕远但较安全的道路。对犯罪的恐惧确实有可能限制人们在城市中的活动，我们不只要考虑实际的诱发犯罪的问题，也有必要改善给心理带来不安的环境设计。

■ 社区的防范活动

至此，我们谈到了通过物理环境的设计所起到的预防犯罪的功能，然而要让其充分发挥作用，居民的活动与合作是不可缺少的。比如，公园等场所采用物理防守的设计，难免会因减少树木以确保视野开阔而成为无趣空间。还是要结合邻近社区居民的巡视活动等，才能建造既安全又舒适的环境。在城市中，邻近居民间交流稀少化的说法由来已久，我们期待建造无犯罪的可以安心活动的城市，这会成为社区再生的第一步。

公交车、自行车上贴的防范标签

在店铺或住宅外面贴着的防护眼

---

* 公众资源使用（public access）：指市民能够轻易接近利用的情报、公共设施、街道等公共的资源。

专　题

涂鸦问题：
破窗理论

昨天还是普通的街区公告栏，忽然某天早上就被华丽的涂鸦占满了。涂鸦不仅出现在公告栏，街道上的电线杆、个人住宅或者商店的围墙、卷帘门上也会被波及。有人调查了从发现涂鸦到擦掉的时间与涂鸦再发生率的关系，结果显示，比起放置涂鸦三个月以上，48小时以内消除的情况再发生率相当低。也就是说，涂鸦一旦出现最好尽快擦掉。这可以用所谓的破窗理论*说明。比如，道路旁散落的垃圾或者丢弃的自行车、小的涂鸦等长时间置之不理的话，便会成为杂乱场所，成为无人关心和掌管的地界标识。最开始即便是很少的垃圾或者涂鸦，如果懈怠维护，不只是景观恶化，治安也会随之恶化，此处的抢劫、偷盗等犯罪活动便会逐渐猖獗。

为了保持社区安全和维护美好的环境，每一位居民都应有一颗关心社区的心，居民通过持续的社区清扫，节日庆祝，防灾、消防训练等活动，提高对自我社区的认知意识，这是非常重要的。

居委会的公告栏　　　　　导游图

站前　　　　　　　　　废弃的房屋

邮筒　　　　　　　禁止涂鸦的海报

---

* 破窗理论：美国犯罪学者乔治·凯林（George L. Kelling）等提出的环境犯罪学理论。该理论以仅有少数破窗的建筑物为例，阐述了如果放任破窗不管，破窗就会成为不被大家注意的符号，不久建筑物的所有窗户都会被破坏，甚至会导致整个城镇的荒芜这一理念。

东日本大地震之后不久的气仙沼

9. 预防灾害
城市防灾

　　当今世界各种灾害在进化。即使自然现象引起的灾难不发生变化，随着人类社会技术发展而日益复杂的社会也会使灾害深化发展，发生一些闻所未闻的灾害。然而，同一种灾害如果发生的时间、地点不同，受灾的情况也大有不同。这时候，作为预防对策我们有必要了解社会的防备系统以及在面临灾害时我们自身的心理状态和行为。在本章，我们讲解了自然灾害、技术灾害的特点，并概述了预防这些灾害的措施，探讨了以后城市防灾的可能性。

■ 影响灾害大小的原因

对于地震这种自然外力引起的灾害，如果我们建造的房屋和城市足够结实，便不会感觉到灾害带来的破坏；如果我们构筑的大坝足够大，即便是暴雨也不会有洪涝灾害。古代文明的发展，都是从治理既能给我们带来益处又能引发洪涝灾害的河川开始的，可以说，社会的发展史是一部人类与自然灾害顽强抗争、创造生存空间的历史。即使是今天的人类仍然如此。例如发展中国家在其建筑和城市建设系统都很脆弱，小的自然灾害却能扩大成很大的灾难。

建筑物的崩塌或变形是否会成为大的灾害与当地的社会制度和人们的行为习惯等软性防灾能力相关。人们能够面对并有能力进行灾前准备和事后的恰当处理。（特别是与人命相关的伤害），能够减少损失。2011年的日本大地震发生了难以想象的大海啸，防潮堤在硬性的客观条件上不能满足防灾的作用，进而使得居民的判断和行为的正误成为生死的关键。另外，除了灾害发生时的防灾能力，受灾后由废至兴的恢复能力，即以迅速回到常态为目的的城市复旧与复兴计划也是防灾能力的一个重要部分。

上述的关系可以用下图的模型来说明。受自然外力F影响的建筑环境的变形程度B与强度Rh相关，用$B=f_1$（F，Rh）表示。灾害的大小D则与建筑环境的变形程度B和社会系统与人的行为等软性防灾能力Rs相关，用$D=f_2$（B，Rs）表示。两者相结合可以推出，灾害的大小D与灾害的冲击强度F、社会的防灾能力R（反面则是脆弱性）的硬件（h）和软件（s）两方面相关，可以用D=f（F，Rh，Rs）来表示。为了减轻城市灾害，必须采取能够平衡这两方面的有效措施。

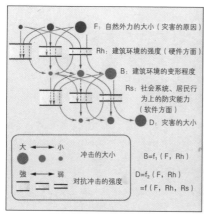

影响灾害大小的原因[54]

印尼爪哇岛中部地震（2006年）

■ 灾害显现的特性

除了地震之类的自然灾害，灾害还包括由人们的生活、生产行为引起的各种技术灾害*。如果几种不利条件叠加，连锁反应会导致受灾面扩大。日本大地震中，地震、海啸、核电厂事件便是一例。

关于灾害的预测，我们需要更早地、准确地将灾害的种类、时间、地点和情况弄清楚。如今，随着气象卫星的发展，台风的轨迹、规模和发生时间已经可以得到准确的预测。另外，火山喷发也有长期的观测系统，可以发现喷发前的预兆。然而，关于地震，至今为止我们仍很难精确地测量其发生的地点和时间。虽说如此，毕竟是由物理现象引起的自然灾害，通过观察测量还是有可能进行一定程度的预测。与此相对，技术灾害是"并不存在"的，几乎不可能预测灾害发生的时间、情况以及危害性。

谈到灾害发生的进程速度，一方面有如地震一样以秒为单位的外力损害，另一方面也有如全球性大气污染、人气中氟排放引起的臭氧空洞这种进展非常缓慢、可能对今后产生长期影响的灾难。此外，从灾害显现预兆到最后实际发生的时间（首周期）也有长短区别。火山喷发和海啸的首周期比台风要短，但比起地震又长得多，有些时候是可以进行事前紧急应对的，因此有必要有效地利用这段时间。

关于灾害影响的持续时间，相对于地震等自然灾害，技术灾害带来的有害物负面影响更为长期。石棉、铅、有机水银及辐射等有害物质一旦侵入人体，对受害者的影响是一生的。然而，即便是一次性的自然灾害，如果算上灾害中复原、复兴所需要的时间，它的影响时间也并不短。

地震、火山喷发、台风等自然灾害从全球来看都是宏大的自然现象，其影响范围广且受灾人数众多。而核泄漏、飞机事故等技术灾害都是有限的。但是，环境污染这类技术灾害却与字面含义一致，会成为全球性的灾害，需要全世界团结起来一起应对。从这个意义上讲，防灾的对策与环境保护是一致的。

距海面 10m 高的两层防洪堤都无法阻止海啸灾害 / 宫古市田老地区

---

* 技术灾害：大多指由于人为过失而造成的大规模的事故，与人为的故意发动的战争、恐怖行为等人为灾害相区别。其种类多样，包括了由于城市火灾、交通灾害、化学物质等引起的污染、放射线泄漏事故、大疫病、全球规模的大气异变等灾害。

■ 受灾时人的行为特征

灾害发生时如果采取适当的行为可以将灾害损失缩减至最小。因此，了解受灾时人的行为特征是非常重要的。

首要的问题是人们经常不采取避难行为。人从听到危险的警告到作出避难的决定为止一般有三个阶段：①情报的可信度确认；②灾害的重大性预想；③避难的可行性和有效性评价。如果当事人对这三阶段都作了肯定的判断便会采取实际行动进行避难。一旦经历几次火灾的误报或者有关海啸的空穴来风，人们就会怀疑情报的可信度，便会通过其他途径确认真伪，从而浪费了时间。其次，在听到警报后，人们也会判断自己是否真的会卷入其中。没有过受灾经验或者经历的灾害受损不大的情况下，人们便会由于偏见轻视灾难的危害。随后，对避难的困难度和有效性进行评价。当家里有老人和病患的时候，由于担心避难途中的危险和在避难所滞留的不便性便会停止避难行为。

我们对于自身周边环境的急剧变化会立即作出异常的判断，为回避危险会迅速行动。参考过去的受灾实例，大部分受害者即便是察觉到现场有点不太一样也常常作出非常紧急事态的判断。这是在灾难发生时常见的人的行为特点，也就是所谓的"常规偏见"。事实上，当我们突然听到火灾警报，究竟有多少人会马上进行避难？还有，听到海啸警报时，做出避难反应的人还是比较少的。这已经成为一个问题。

阻止人们意识到自己处于"紧急情况"的一个原因就是这种判断远离日常行为规范，意味着我们要从日常状态转换到服从"紧急状态规范*"的状态。比如1995年版神大地震中，不少人受了灾也照常出勤上班，这是对按日常不同的习惯进行避灾行动而采取抵抗心理的一种表现。

避难道路的安全性 / 奥尻岛

避难所的环境 / 大船渡中学校

---

* 紧急状态规范（emergent norm）：指在灾难等特殊情况下，出现不能依照日常社会规范而采取行动的事态，在这种情况下形成的新的判断标准和规范。以医院救护为例，医生在医院大门处就必须首先判断伤患存活的可能性，需要根据治疗的优先度进行分类。

■ 受灾时的集体行为

通常，恐慌是指在面对危机时，个人为了自身安全、无视他人安全而采取的没有秩序的，会使受灾扩大的反社会集体行为*。然而，这种极端的以自我为中心的集体退缩实际上是很少出现的。近年来，有关受灾时人们行为的调查研究发现，人们受灾时往往不会陷于恐慌，而是倾向于进行有条不紊地避难。也就是说，有问题的是有人恶意挑起恐慌，操纵准确情报的流出。

流言是指真伪不明的情报以口头形式得到广泛传播的现象，它和故意传播错误情报的诽谤不一样。伴随灾害产生的流言是由于没有接收到全面的新闻情报，从而引起心理的不安，进而臆测，并随着对这种信息连锁性的确认而产生、加剧的。近年来由于报纸等媒体的传播使不正确报道扩大的速度和范围也加大，这是我们面临的严峻问题。

在日本大地震中，人们超量购买超市里的水、牛奶、米、面包等食品，以及手提电筒等避灾用品而使商品销售一空；加油站前等待的长龙车队都是集体行为中过激防卫反应的体现。无论哪种集体行为，都可以通过诚信机关快速传递正确的情报而得到有效的阻止。

地震时期东京都内由于疯狂的抢购而变得空荡荡的货架

加油站前的长龙车队　　　　　散布流言、谣传的连环信息

（《朝日新闻》2011 年 3 月 26 日）

---

* 集体行为（collective behavior）：指无组织人群通过相互刺激而情绪高涨所导致的行为，既包含了流行事物、社会运动等内容，也包括在灾害发生时集体逃走的恐慌、流言等行为。但是恐慌在实际中很少发生。

■ 有关居住区安全性的信息

在灾难发生之前，即平日里，居民所需要的必要信息是相关居住地安全性的信息。换句话说，我们需要了解自己所在的居住地会遭受怎样的灾害及其危险性的相关信息。

由于各个地方政府会有自己的防灾规划，会公布可能遭受到的灾害的预测信息，大家可以通过这些信息在某种程度上了解自己居住地的危险性。近些年受灾地图被广泛使用，它明确地在地图上标示出发生灾害可能性较高的地区，使人一目了然。最根本的是指出不同场所灾害发生的潜在危险性，本意是通过图示灾害以促使事前防灾组织的集体合作。另外，为减少灾害后的二次被害，防灾地图还标有防灾资源（消火栓等）的配置示意。

但是，如果对受灾地图发生误读，人们很可能会导致危险的行为。例如在日本大地震里伴随发生的大海啸，使那些受灾地图上没有标示出的淹没区域受到了巨大的灾害。有人因受灾地图上没有标示出来而没有进行避难，也有人被引导到指定的暂时避难所却被海啸带走，这类悲剧被大量地报道出来。受灾地图说到底也只是描绘预想的情况，如果发生超出预想大小的灾害，就应当预想到受灾范围的扩大。

世田谷区地震防灾地图（地域危险度地图）[55]

根据以前的经验设定的预想海啸侵水区域

海啸避难塔"锦塔"／三重县大纪町锦区

■ 灾害经验的传承和防灾教育

　　大灾害发生后，人们虽然短时期内会对防灾很关心，但很快就不知不觉地遗忘了。即所谓的受灾经验风化现象。为了防止这种现象发生，方法之一就是保存以往受灾的痕迹，让人们真切感觉到自然的威力。

　　冲绳县石垣岛在1771年发生的大海啸让八重山诸岛近万人遇难，现在那里还留有昭和时期海啸带上来的巨大石块。当人们看到海啸能够将如此巨大的石头带到内陆，就可以想象海啸的破坏力之大。另外，海啸中遇难者的纪念碑也能够让人们回忆起曾经遭受到的巨大灾难。

　　为了传承1995年阪神大地震的记忆和经验，淡路岛建设了北淡震灾纪念公园，因地震造成的野岛断层与其上的住宅一起被保留并展示，能够让人们切身感受到地震产生的巨大能量。

　　1993年北海道南西冲地震中也发生了海啸，北海道奥尻岛一共有198名受难者。为了传达灾害的记忆和教训，受害最严重的青苗地区建立了海啸馆和纪念碑。通过报道每年受灾纪念日7月21日举行的慰灵祭，会让人们的记忆得到更新，常常感受到灾害风险*意识的作用。

明和大海啸丧生者的慰灵碑 / 石垣岛

阪神·淡路大地震引起的野岛断层的展示 / 淡路岛

海啸馆的展示空间 "198 之光" / 奥尻岛

学生的防灾训练 / 神户

---

* 风险（risk）：指遭受危险的可能性。风险的大小通过危险事态发生的概率与形成结果的重大性的乘积来表示。很多时候，实际的风险和人主观感知的风险相去甚远。例如比起汽车的交通事故来，飞机事故的风险要小得多，而人的主观上常常认为后者要大得多。

■ 灾害文化

在长期遭受特定自然灾害的地区，因为有长时间受灾的经验，累积了针对自然现象的观察方法和应对行动，以及对生活环境的改进技术等，这些减轻灾害带来损害的经验与智慧所形成的体系便是"灾害文化"。

灾害文化的作用分为硬件和软件两方面。作为硬件，有防灾建筑构造和城市建设等技术，有灾害发生的预知、观测技术和防灾设施的维护技术等。作为软件，包括了能够预期前兆的感性、对现状准确判断的智慧，还包括个人层面上根据判断而迅速采取的应对行动，社区层面上防灾意识共有的社会连带性，警报传达、应急恢复机制的设置等。

作为灾害文化的一部分，我们通过具体案例来看看运用传承下来的技术而构筑的建筑和城市。

新潟县高田（现上越市南部地区）是多雪地带，曾经被戏谑为下雪时可立"雪下才是高田"之碑。由于冬天必须在大雪封路的环境里生活，在积雪期，为了能够往来交通，这里的人们在建筑物前设置了被称作"雁木"的屋檐廊道，从而形成了独特的地方街景。

长崎县对马的严原町经历过重度的城市火灾，之后通过设置基础设施防火壁进行城市分区，预防大火的肆虐。虽然单体建筑通过设置防火分区以阻止火灾蔓延的这种手法很普通，但用于城市整体设计的却十分少见。如今，这种集体努力结晶的一部分，作为珍贵的历史建筑物都被保存下来，并成为旅游参观的资源。

雁木形成了特别的地方街景／上越市南部地区

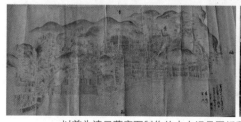

以前为请示幕府而制作的大火记录图纸和防火壁／对马市严原町

冲绳是常年受台风侵扰的地区。在这里我们可以看到，传统的住宅格局基本是一定的，周围有石壁和成片的福木林维护住宅，被刻意压低的庑殿屋顶上的红瓦是通过泥浆固定的。房子南侧被称作"雨端"的廊道营造出有深远出挑屋檐的开放空间。这个屋檐的边上有雨端柱，能够抑制由于强风而引起的屋檐上翻。门的内侧有可以称作屏风的单影壁，在保持隐私的同时也起着阻挡强风的作用。

在冲绳，对气象和海象的敏感知觉及祖先的智慧这些灾害文化软件也得到过传承。以前人们通过观察天上云雾的异常动向来判断台风的来临，通过大海声音的方向来预测台风的轨迹，进而对预测的住宅受风面采取结构加固等对策。然而今天，由于对气象预报的依赖，人们正在逐渐丧失这种敏感知觉。值得庆幸的是，还有一些被称作冲绳海人的渔夫至今仍在使用着与潮汐规律密切相关的阴历，继续传承着这种感知自然动向的先祖智慧。此外，在接到台风临近的预报后，冲绳地区的人们会同心协力用绳子把港口的渔船连接成一体，共同迅速地做好防灾准备工作。集体的连带意识非常强烈。这些科学知识覆盖不到的实践中的智慧和感性，以及社区全体团结合作的社会系统，作为灾害文化的一部分正在有机地生长并延续着。

如同上述这些例子，长年灾害文化的技术传承也形成了具有不同地域特色的丰富的文化景观。这对于当地来说是一笔宝贵的财富。对于今天随着环境和社会的变化也持续"进化"的灾害，不能单靠继承祖先的智慧，也需要创建新的灾害文化。

竹富岛的民家和村落／冲绳县八重山郡

爪哇岛的赈灾复兴住宅：
生活方式的地域性与复兴住宅的适应性

2006年5月，印尼的爪哇岛中部发生了大地震，死亡人数超过6000人。造成如此大的损失很大成分是由于建筑构造的脆弱性导致的。然而，与建筑物的脆弱性相对照，社会共同体的凝聚力却是强大的，在此基础上的社会复旧、复兴也很顺利，受灾者的心情是快乐明朗的。

爪哇岛的村落由30~40户人家构成最小的行政自治单元，平日会举行各种各样的社区活动。每月通常会在村里的清真寺、集会场、公有地等场所进行1~2次家族代表会议、妇女大会、青年大会等。在这样的村落里，很难会发生日本阪神大地震那样受灾者孤独死去的情形。

但是，爪哇岛在物资方面只能接受国际援助。虽然大家怀着善意，然而这些海外支援建造的复兴住宅没有考虑到当地人的生活方式，往往对于生活的重建并没有很大的帮助。其中典型的例子就是圆顶型复兴住宅。这种住宅没有传统住宅中作为邻居日常交流场所的向前探出的屋檐门廊。另外，这种弧形结构的混凝土住宅使得符合居住习惯的建筑改造也变得很困难。

与之相对，尊重传统住宅形式的本土建筑家艾哥设计的复兴住宅，仅用数年时间便融入了住户的生活以及周边环境。

地震后国际援助建成的圆顶复兴住宅里没有居民的休闲空间

传统住宅的门廊　　　　复兴住宅随时间流逝的变化

温哥华／广场

10. 共同生活

通用化设计

　　城市中生活着各种各样的人。小孩和老人、男人和女人、健康的人和病弱的人、残障人、本国人、外国人，等等，这些人与生活的城市环境相关联的方式不尽相同。这是因为他们对环境的感觉方式、观察方式、捕捉方法都不一样。本章在学习个人多样性产生机制的模型基础上，把握小孩、老人、残障人士等与环境结合的特性，探讨了有助于他们行动的环境设计。

■ 环境把握的个体差异

环境心理学的研究成果之一是指出了环境或建筑设计的专业人员与空间的实际使用者之间有很大的差异。其原因是，有的建筑师不顾及使用者而专注于设计上美学的自我表现，有的虽考虑到使用者，却往往对实际的使用者没有深入理解，而陷入错误的使用假说中。因此，为了避免这种情况的发生，我们就有必要理解使用者对环境看法的个体差异。

皮特·泰尔（Peter Thiel）[56]认为，个体差异是指对环境情报的受取方式的不同，以及环境情报转化为个人信息的知觉过滤器的不同。他将人们对来自外界的各种物理刺激（光、声音等）或化学刺激（味道等）情报的吸取过程划分为下面三层过滤层，这使得我们对于环境的看法发生了差异。

第一层是"生理特性"的过滤网，由于年龄、体型大小、能力、感觉器官的敏感度等差异让小孩、老人、残障人士等与环境的结合方式产生不同。

第二层是"情报选择特性"的过滤网，它指人们从大量的环境情报中如何提取情报的差异。就像专业人员会观察到外行人看不到的有效信息一样，人们的教育、知识、专业的不同造成对环境的看法和评价不一的现象。可以通过文化的不同，生活方式、价值观的差异来说明这一问题。

第三层是"心理准备"的过滤网，它是由当时个人欲求的不同而产生的对环境的把握方式和行动上的差异。对于没有家的人来说再简陋的家也是好的，一旦有了家，就会首先要求安全性，然后就是要满足家人能住在一起的条件，再进一步就会有美观漂亮的需求，最后达到能够体现自我个性。如此，人们的欲求从低到高上升。这种对环境需求的变化，可以通过马斯洛（Maslow）需求层次模型[57]来说明。它除了包含以上较长期的欲求变化，也包括了短时间的欲求情况。

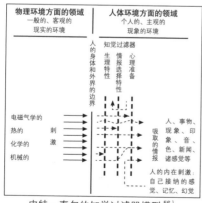

皮特·泰尔的知觉过滤器模型 [56]

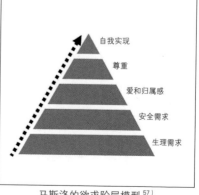

马斯洛的欲求阶层模型 [57]

■ 由年龄引起的能力变化和对环境的要求水平

刚出生的人如果没有父母的照顾就无法活下去；当达到一定年龄后，就能在各种各样的环境中独立行动；随着年龄的增加，身体能力会逐渐衰退，此时一个人行动很困难，需要别人的帮助。我们将这种变化通过下面的曲线图来表现，年龄是横轴，环境适应能力的变化是纵轴，虽然有个体差异，但基本都是倒U形的发展模式。[58]

在这个图里，我们用一条线划出环境要求一个人独立活动所需的必要能力的水平要求，可以看出，当这个水平要求比较高的时候，那么孩子的自立就比较晚，而老年生活不能自理的时间就会提前。例如，如果父母不常提醒孩子，在危险的环境中孩子就很难一个人自主行动。同样的，老人能够一个人行动的年龄也随着物理环境而变化。因此，为了扩大小孩和老年人能够独立活动的可能年限，就需要在环境设计中降低对能力的要求水平。

为了让孩子早点自立，就需要通过对人行道进行思考去除容易诱发犯罪和交通事故的环境，提出让父母能够放心让孩子一个人出门的安全的城市设计。另外，为了延长老人的自理时间，考虑到老人的感觉和动作能力低下等情况，应在与安全活动相关的标识位置和颜色的设计上下工夫，采取去除台阶、增添扶手等适当而有效的措施。这种降低能力要求水平的设计，对残障者、孕妇，甚至环境应变能力局部或一时低下的人来说，也是非常有效的。

随着年龄增大会感觉行动能力的变化，可以通过老年人模拟体验得到一些真实感受。比如，戴上特制的眼镜可以再现老年白内障引起的色觉变化、视觉模糊、视野萎缩等感知，用耳塞来模拟听力的迟钝，在肘部、膝盖上戴上护具模拟不灵活的关节，穿上筒靴状的护具可以模拟脚掌难以活动抬高的状态。健康的年轻人也可以通过这样的试验体验到老年人身体机能衰退后在日常生活中的困难，也会得到很多环境改善设计的启示。

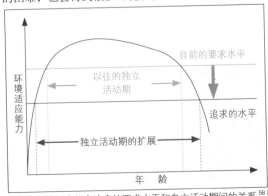

年龄和环境适应能力决定的要求水平和自立活动期间的关系[58]

模拟老人的实验
照片提供：大日方宏行氏

■ 儿童的认知发展和玩耍环境

孩子的能力素质是与生俱来的还是受成长环境影响而形成的呢？"先天论"与"后天论"经常成为争议的话题。让·皮亚杰（Jean Piaget）的认知发展理论指出，这并不是某一个方面单一决定的；而是孩子在到达一定年龄时，逐渐奠定了发展某种能力的基础，进而推动环境，同时也受到环境的影响；通过这种相互作用而得到发展。因此，在能力发展的基础打好之前，从外部强迫孩子学习任何东西都是没有效果的。反之，明明已经奠定好基础了，如果不从外部给予刺激（不让其学习），也会荒废本该发展的能力。如此，随着年龄的增长，阶段性的认知、思考能力会不断地得到发展。

据此，为了让孩子的能力得到发展，必须通过环境给予适当的刺激。孩子和环境的相互作用大多是通过游戏玩耍进行的，游戏的种类会左右孩子的经验积累，进而促进不同能力的发展。因而，为了让孩子均衡地成长，有必要设计出适合多种游戏行为的游乐场所。

通过游戏而发展的能力可以大致分为"运动能力的发达"、"社会性·情绪的发达"和"认知·知觉的发达"三个方面。[59] 在此，"运动能力的发达"是指跑步之类的全身运动和手指翻绳等局部运动的发达，也包括需要知觉和运动协调的接球等运动的发达。"社会性·情绪的发达"包含了过家家、合唱、接龙等社会交流、情绪、语言等的发展。"认知·知觉的发达"是指在自然环境或游乐设施的空间内，对于认知、探索、发现、想象、创造等能力发展的促进。此外，这三种能力也相互交叉组合，比如足球等球类游戏能够促进遵守规则、同伴合作等社会性和全身运动的发展。

为了让孩子各方面能力都得到均衡发展，游戏环境应该设计成能够诱发多种游戏运动的场所。并且，不能只有某种单一的游戏设施，或公园只有一种特定的玩耍方式，即便是一个游乐设施也可以让孩子选择不同的游戏方法，让其有自由发挥想象的多种玩法，进行有诱导功能的环境设计。

调动孩子多种游戏方法的设施

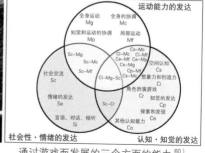

通过游戏而发展的三个方面的能力[60]

■ 成为健康的城市

一说到城市环境与居民健康的关系，人们就会想到空气、水质污染等公害引起的健康危害这类消极层面。近年来，人们也展开了关于城市环境设计对健康提升的积极效应的讨论。

在美国等地，不好的生活习惯引起了代谢综合征之类的健康问题，人们对不良环境建设导致运动缺乏的问题进行研究。研究列举出与健康相关的环境要素，如从家里步行能到达的目的地（如店铺、服务设施、公共交通、公园等）的数量，去这些地方途中所经环境的品质（如犯罪率、交通安全性、景观性等），等等。以前我们总认为郊外充满绿化的居住区比挤满店铺的旧街区要健康，然而事实上，从健康需要的身体活动量来看，结果却是相反的。在附近没有大商店的郊外，人们经常为了购物而开车出行；而在旧街区，我们常见到人们在住区附近好几家店走着边逛边购物的情况。

近些年在日本，抚育子女的母亲与邻里缺少交流，长期闭门不出，这种被称为"孤育"的情况也成了社会问题。那么，促进母子身心健康、诱发大家想要带着孩子出门的环境究竟是怎样的呢？关于这一点，我们以在新城区和旧街区居住的母亲为对象进行了问卷调查，结果显示母亲带着婴幼儿出门散步的时候选择的路线一般是：①自然的绿道，沿河的游步道等；②存在能让婴儿感兴趣并使之高兴的事物（如有轨电车）的道路；③能和店铺老板交流，让人开心愉快的商业街；④和朋友一起推着婴儿车并排步行的宽阔的步道；⑤交通量很少的居住区或者汽车不能进入的胡同、小巷等。[61] 从这个研究我们可以看出，为了促使母子外出活动，在新城区既要维持自然的感觉，还需要能让小孩开心的环境配套设施；而在旧街区则需要安全的易于母子活动的环境建设。

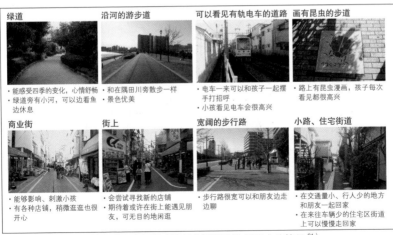

带着婴幼儿出门散步选择的路线和选择理由的特征[61]

■ 无障碍环境

无障碍是指在环境中去除那些妨碍残障人士、老年人或小孩等弱者自由移动的障碍。"无障碍"一词原本不只包含了物理屏障的意思，还具有解除弱者的心理、社会障碍的含义。根据日本1995年版的《残障人士白皮书》[62)]，要构筑无障碍环境我们需要去除四个方面的屏障。一是物理屏障，如人行路、上下或出入口的高差，妨碍轮椅通行的障碍物；二是制度屏障，如以残障等理由而限制资格、许可证的发行；三是文化、情报方面的屏障，如播音指示、盲文应用、手语翻译、字幕播放及通俗易懂的表达的缺乏等；四是意识上的屏障，如无心的话语或视线、认为残障者是应该受到保护的人群等对残障者错误的认知。

日本是从1994年的法律《Heartful Building》开始在公共空间里引入无障碍设计的。根据这个法律，在百货商店、酒店等多数人利用的建筑物的出入口、走廊、阶梯、卫生间等都应该配备方便老年人、残障人士使用的设施。在此之后，这项法律与以车站、机场等旅客设施为对象的交通无障碍法合并统一，在2006年实施了新无障碍法[63)]，即《促进老年人、残障人士等顺利移动的相关法律》。据此，城市的无障碍化环境整理从"点"（车站、建筑等）的无障碍化向"面"（区域）扩展，越来越便于老年人、残障人士等的行动。

■ 通用化设计

无障碍的对策在最初只考虑到去除物理障碍这一点；即便有点绕道，只要确保残障人士的通行就可以了。例如某机场，轮椅专用的电梯就设置在离普通旅客流线很远的建筑物里。然而，这虽然使残障者受到了特殊待遇，但差别对待并不能让人开心，因此"残障者的路线应该与大众一样"的"主流*"理论也逐渐得到了社会的认可。之后这一想法得到了更进一步的发展，从针对特定人群去除障碍的方式，发展为追求不只对于弱者，还对于其他人都非常贴心的环境和构筑物的通用化设计。

楼梯升降机

特别加宽了的检票口

站台跌落事故
（《朝日新闻》
2001年1月31日）

---

* 主流（main streaming）：主要用在教育领域，认为应让残障儿童与同龄普通儿童尽可能在一起学习、成长，这一思维方式对于双方人格的形成很重要。应用在无障碍的环境设计中，则考虑不能将残障者和健康人群的动线分离开。

通用化设计是北卡罗来纳州立大学的罗纳德·L·梅斯（Ronald L. Mace）在1985年倡导的新概念，以"尽可能让多数人都能利用的设计"为基本理论。后来该大学的通用化设计中心的网站上[64]发布了通用化设计的七原则。

原则1　平等的使用方式，即不区分特定使用群体与对象，提供一致而平等的使用方式。

原则2　对使用者广泛多样的喜好与能力上的差别都具通融性的使用方式。

原则3　简单易懂的操作设计，即不论使用者的经验、知识、语言能力、集中力如何，皆可方便操作。

原则4　迅速理解必要的资讯，即与使用者的使用状况、视觉、听觉等感觉能力无关，必要的资讯可以迅速而有效率地传达。

原则5　容错性的设计考量，即不会因错误的使用或无意识的行动而造成危险。

原则6　有效的轻松操作，即有效率、轻松又不易疲劳的操作使用。

原则7　规划合理的尺寸与空间，即提供无关体格、姿势、移动能力，都可以轻松地接近、操作的空间。

除此之外，"包容性设计"、"为所有人设计"这些理念也被提倡，它们有一个共通点就是不区别对待各种残障人士，对于商品或空间提倡共有、一起生活的基本态度。

那么，这样的理念在实际的环境设计中又是如何应用的呢？生活中有很多例子，比如检票口设置得比较宽便于轮椅通行，对着出入口的电梯对于大腹便便的孕妇、推着婴儿车带着小孩的母亲，甚至拖着行李的旅行者来说都非常方便；还比如，需要后退几步再拉开的门，对于老人来说很不方便，轮椅就更不用说了，如果换成自动门就非常容易通行；还有些特殊例子，比如考虑到将来老了需要护理的情况而加宽的厕所，即便在不需要护理的时候也会让人感觉宽敞舒适。总之，即便是健康的年轻人也难免会在运动中受伤、生病、怀孕、带着笨重的行李或是喝得酩酊大醉，一时对环境的应变能力下降，甚至随着年岁的增大而加入弱者的行列，这是生活中不能避免的情况。通用化设计就是以这一基本认识为基础而进行的设计。

然而，在现实的城市环境中，要实现"对于任何人都贴心的设计"是非常困难的。经常被指出的问题是，公共空间中因残障种类的不同，对环境设计的要求也各异，有时甚至是相反的。比如，对于盲人来说，盲道是行走时必需的依靠，而对于坐轮椅的人或者老人来说有时却会妨碍行动。因此，尝试解决所有的物理环境设计问题是不可能的，这时人力支援便是必不可少的。

专 题

环境的形式引导行动：
可供性

"可供性（affordance）"这个并不常见的词汇是心理学家詹姆斯·吉布森（James Gibson）[65]创造的新词。它是指"环境及其中事物的配置有让动物特定的行为成为可能的属性"。

比如门的把手，具有让人握着旋转后可以将门打开的功能，能够支撑这个行为的可供性在于手能握住的尺寸以及材料表面不能太滑这些特征。把手的形状也是千差万别，因此开门这一必要的行为也会随之发生变化。比如下图，球形的门把手需要一定的握力才能打开，而手柄状的门把手，即便握力很弱，甚至有时不必用手，用肘也能够打开，可以说这是因为对于旋转这一行为的可供性不同而导致的。

我们往往根据事物的形状去理解其可供性，这是因为形状会引导人的行动，就像有人找到有高差的阶梯便要坐在上面一样。然而，形状暗示的可供性一旦难以理解便会让人不知所措。例如，在海外旅行上厕所的时候，用完后想要冲厕所，常会因不知道操作方式而窘迫不已。这就需要在今后不断全球化的背景下，超越文化的界限，运用无论谁都能很自然地理解使用方式的可供性，进行通用化设计。

门把手的设计引起可供性的不同　　设计引导操作

台阶和窗台的可供性

[参考文献]　＊番号付きは引用文献

1. 構成
1）青木義次・湯浅義春・大佛俊泰「あふれ出しの社会心理学的効果－路地空間へのあふれ出し調査から
　みた計画概念の仮説と検証（その2）」日本建築学会計画系論文集 No.457，1994，125-132頁
2）宮元建治『日光東照宮－隠された真実』祥伝社，2002，189頁（一部改変）
・都市デザイン研究体『日本の都市空間』彰国社，1968
・清家清『家相の科学』光文社，1969
・R.ヴェンチューリ，伊藤公文訳『建築の多様性と対立性』鹿島出版会，1982
・B.ルドフスキー，渡辺武信訳『建築家なしの建築』鹿島出版会，1984
・大竹誠『アーバン・テクスチュア』住まいの図書館出版局，1996
・茶谷正洋編『住まいを探る世界旅』彰国社，1996
・日本建築学会編『空間演出－世界の建築・都市デザイン』井上書院，2000
・日本建築学会編『空間要素－世界の建築・都市デザイン』井上書院，2003
・津川康雄監修『江戸から東京へ大都市 TOKYO はいかにしてつくられたか？』実業之日本社，2011

2. 観看
3）A.ラポポート，大野隆造・横山ゆりか訳『文化・建築・環境デザイン』彰国社，2008
4）経済産業省「近代化産業遺産の普及・啓発」
　http://www.meti.go.jp/policy/local_economy/nipponsaikoh/nipponsaikohsangyouisan.htm
5）京都市「新景観政策　時を超え光り輝く京都の景観づくり」2007，6頁
　http://www.city.kyoto.lg.jp/tokei/cmsfiles/contents/0000023/23991/shinkeikanseisaku.pdf
6）国土交通省「景観法の概要」2005，65頁
　http://www.mlit.go.jp/crd/townscape/keikan/pdf/keikanhou-gaiyou 050901.pdf
7）野口昌夫『イタリア都市の諸相』刀水書房，2008，46頁・図5
・樋口忠彦『景観の構造－ランドスケープとしての日本の空間』.技報堂出版，1975
・芦原義信著『街並みの美学』岩波書店，1979
・中村良夫『風景学入門』中公新書，1982
・H.サノフ，小野啓子・林泰義訳『まちづくりゲーム－環境デザイン・ワークショップ』晶文社，1993
・乾正雄『夜は暗くてはいけないか－暗さの文化論』朝日新聞社〈朝日選書〉，1998
・矢作弘『産業遺産とまちづくり』学芸出版社，2004
・柴田久・斎藤潮・土肥真人・永橋為介『環境と都市のデザイン－表層を超える試み・参加と景観の交
　点から』学芸出版社，2004
・A.ラポポート，高橋鷹志・花里俊廣訳『構築環境の意味を読む』彰国社，2006
・中村良夫『市をつくる風景』藤原書店，2010

3. 感受
8）M.シェーファー，鳥越けい子・庄野泰子・若尾裕・小川博司・田中直子訳『世界の調律－サウンド
　スケープとはなにか』平凡社，1986
9）岡本謙・大野隆造「市街地における音環境の地域特性」日本建築学会大会学術講梗概集(F)，1993，
　513-514頁
10）J.ポーティウス，米田巌・潟山健一訳編『心のなかの風景』古今書院，1992，111-151頁
11）大野隆造・小林美紀「都市の計画概念としてのスメルスケープに関する研究（その1）－都市計画者の
　意識調査」日本建築学会大会学術講梗概集(D-1)，1997，799-800頁
12）T.エンゲン，吉田正昭訳『匂いの心理学』西村書店，1990，116頁・図6.1
13）環境省「かおり風景100選・音風景100選」http://www.env.go.jp/air/life/
14）大野隆造・中安美生・添田昌志「移動時の自己運動感覚による場所の記憶に関する研究」日本建築学
　会計画系論文集 No.560，2002，173-178頁

15) 黒野弘靖・菊地成朋「村落と屋敷の対応関係からみた散村の構成原理－礪波散居村における居住特性の分析(その2)」日本建築学会計画系論文集 No.507, 1998, 152頁・図1, 2
・ 小林享『移ろいの風景論－五感・ことば・天気』鹿島出版会, 1993
・ 足立博『においの心理学』弘文堂, 1995
・ 鳥越けい子『サウンドスケープ－その思想と実践』鹿島出版会〈SD選書〉, 1997
・ 河野哲也『環境に拡がる心－生態学的哲学の展望』勁草書房, 2005
・ 岩宮眞一郎『音のデザイン－感性に訴える音をつくる』九州大学出版会, 2007
・ 松本泰生『東京の階段－都市の「異空間」階段の楽しみ方』日本文芸社, 2007

4. 巡游

16) Thiel, P., *People, People, Paths, and Purposes : Notations for a Participatory Envirotecture*, University of Washington Press, 1997, p.99
17) J.ギブソン, 古崎敬・古崎愛子・辻敬一郎・村瀬旻訳『生態学的視覚論－ヒトの知覚世界を探る』サイエンス社, 1985.
18) 宇田川あづさ・山下敬広・添田昌志・大野隆造「視点移動に伴う視覚像の光学的流動による空間形状の知覚(その1)－映像提示による遮蔽縁検出実験」日本建築学会大会学術講演梗概集(E-1), 2000, 785頁・図1
19) U.ナイサー, 古崎敬・村瀬旻訳『認知の構図』サイエンス社, 1978, 21頁・図2(一部改変)
20) Thiel, P., *People, People, Paths, and Purposes : Notations for a Participatory Envirotecture*, University of Washington Press, 1997, p.32
21) Appleyard, D., Lynch, K., Myer, K., *The View from the road*, The MIT Press, 1964
22) Halprin, L., *The Rsvp Cycles : Creative Processes in the Human Environment*, George Braziller, 1970, p.69
23) Thiel, P., *People, People, Paths, and Purposes : Notations for a Participatory Envirotecture*, University of Washington Press, 1997
24) 大野隆造・宇田川あづさ・添田昌志「移動に伴う遮蔽縁からの情景の現れ方が視覚的注意の誘導および景観評価に与える影響」日本建築学会計画系論文集 No.556, 2002, 198頁・図4, 200頁・図8, 201頁・図12の一部
25) 大野隆造・辻内理枝子・稲上誠「屋外空間での移動に伴い変化する感覚の連続的評定法－環境視情報の記述法とその応用に関する研究(その2)」日本建築学会計画系論文集 No.570, 2003, 65-69頁
26) 大野隆造「環境視の概念と環境視情報の記述法－環境視情報の記述法とその応用に関する研究(その1)」日本建築学会計画系論文報告集 No.451, 1993, 85-92頁
27) 小林美紀・大野隆造「修学院離宮上御茶屋区域を対象とした感覚刺激情報による景観分析」『ランドスケープ研究』日本造園学会誌 Vol.63(No.5), 2000, 577-582頁
28) 大野隆造「空間体験の記述」『建築雑誌』Vol.110(No.1367), 1995, 37頁・図2
・ 多木浩二・八束はじめ・上野俊哉・中村桂子・菊池誠・浜田邦裕・松浦寿夫他「特集ノーテーション／カルトグラフィ」『10＋1』No.3, 1995, INAX出版
・ 日本建築学会編『空間体験－世界の建築・都市デザイン』井上書院, 1998
・ Gibson, J. J., *The Perception of the Visual World*, Houghton Mifflin, Boston, 1950
  J.ギブソン, 東山篤規・竹澤智美・村上嵩至訳『視覚ワールドの知覚』新曜社, 2011
・ Gibson, J. J., *The Senses Considered as Perceptual Systems*, Houghton Mifflin, Boston, 1966
  J.ギブソン, 佐々木正人・古山宣洋・三嶋博之訳『生態学的知覚システム－感性をとらえなおす』東京大学出版会, 2011

5. 認知

29) Tolman, E., "Cognitive Maps in Rats and Man," R. M. Downs., D. Stea(eds.), *Image & environment : cognitive mapping and spatial behavior*, Aldine, Chicago, 1973, pp.43-45, Fig.2. 15-2. 17
  E.トールマン「ねずみおよび人間の認知マップ」, R.ダウンズ・D.ステア編, 吉武泰水・曾田忠宏・林章訳『環境の空間的イメージ－イメージ・マップと空間認識』鹿島出版会, 1976
30) Lynch, K., *The Image of the City*, The MIT Press, 1960, p.18, Fig.2, p.19, Fig.3(筆者による着色)
  K.リンチ, 丹下健三・富田玲子訳『都市のイメージ』岩波書店, 1968, 2007

31) D.カンター，宮田紀元・内田茂訳『場所の心理学』彰国社，1982，136頁・図5.2
32) J.ラング，高橋鷹志監訳，今井ゆりか訳『建築理論の創造－環境デザインにおける行動科学の役割』鹿島出版会，1992，182-183頁
33) Hart, R., Moore, G., "The development of spatial cognition, A review" In R. M. Downs., D. Stea(eds.), *Image and environment*, Aldine Publishing, Chicago, 1973, pp.246-288
   R.ハート，G.ムーア「空間認知の発達」，R.ダウンズ・D.ステア編，吉武泰水・曾田忠宏・林章訳『環境の空間的イメージ－イメージ・マップと空間認識』鹿島出版会，1976，266-312頁
34) 舟橋國男「街に住む－わかりやすさと街の構造」，中島義明・大野隆造編『すまう－住行動の心理学』朝倉書店，1996，134-161頁
35) Wood, D., "The Image of San Cristobal," *Monadnock*, Vol.43, 1969, pp.29-45
 ・ 中村豊・岡本耕平『メンタルマップ入門』古今書院〈地理学選書〉，1993

6. 喜爱

36) 小俣謙二「第2部　6.住環境－人と住まい，地域の結びつきの研究」，佐古順彦・小西啓史編『環境心理学』朝倉書店，2007，106-126頁
37) 横浜市「広報よこはま」No.27，2000
38) 添田昌志・松原啓祐・大野隆造「市民による継続的な地域貢献活動の促進のための動機づけに関する研究(その1)－現在の活動内容とその継続動機との関係」日本建築学会大会学術講演梗概集(F-1)，2011，1047-1048頁
 ・ 呉宜児・園田美保「場所への愛着と原風景」，南博文編『環境心理学の新しいかたち』城信書房，2006，215-239頁
 ・ A.ラポポート，大野隆造・横山ゆりか訳『文化・建築・環境デザイン』彰国社，2008
 ・ 日本建築学会編『まちの居場所－まちの居場所をみつける／つくる』東洋書店，2010
 ・ 小林茂雄＋東京都市大学小林研究室『ストリート・ウォッチング－路上観察と心理学的街遊びのヒント』誠信書房，2010

7. 获取空间

39) Hall, E., *The Hidden Dimension*, Doubleday, New York, 1966
   E.ホール，日高敏隆・佐藤信行訳『かくれた次元』みすず書房，1970
40) Sommer, R., *Personal space, the behavioral basis of design*, Prentice-Hall Inc., Englewood Cliffs, 1969
   R.ソーマー，穐山貞登訳『人間の空間－デザインの行動学的研究』鹿島出版会，1972
41) Hall, E., *The Hidden Dimension*, Doubleday, New York, 1966, p.126
   E.ホール，日高敏隆・佐藤信行訳『かくれた次元』みすず書房，1970，176頁(一部改変)
42) Altman, I., *The Environment and Social Behavior : Privacy, Personal Space, Territory, and Crowding*, Brooks/Cole Publishing Co., Monterey, CA, 1975
43) Christian, J., Flyger, V., Davis, D., "Factors in the mass mortality of a herd of Sika deer(Cervus Nippon)," *Chesapeake Science*, Vol.1, 1960, pp.79-95
44) Calhoun, J., "Population density and social pathology," *Scientific American*, Vol.206, 1962, pp.139-148
45) Osmond, H., "Some psychiatric aspects of design," L. Holland(ed.), *Who designs America?*, Anchor Books, New York, 1966, pp.281-318
46) 大野隆造・松田好晴「公共空間における他者の占有領域の知覚に関する研究」日本建築学会計画系論文集 No.519，1999，93-100頁
 ・ D.モリス，藤田統訳『マンウォッチング』小学館，1980
 ・ 渋谷昌三『人と人との快適距離』NHKブックス，1990
 ・ 小林秀樹『集住のなわばり学』彰国社，1992
 ・ ピーター・コレット『ヨーロッパ人の奇妙なしぐさ』草思社，1996
 ・ I.アルトマン，M.チェンマーズ，石井真治監訳『文化と環境』西村書店，1998
 ・ R.ドーキンス，日高敏隆・岸由二・羽田節子・垂水雄二訳『利己的な遺伝子 増補新装版』紀伊國屋書店，1999

- D.モリス，日高敏隆訳『裸のサル－動物学的人間像』角川書店，1999

8. 予防犯罪

47) Newman, O., *Defensible Space, Crime Prevention Through Urban Design*, Macmillan, New York, 1972

O.ニューマン，湯川利和・湯川聡子訳『まもりやすい住空間－都市設計による犯罪防止』鹿島出版会，1972

48) バンクーバー都市計画局，湯川利和・延藤安弘訳『居心地のよい集合住宅－子どものための住環境デザインガイドライン』鹿島出版会，1988，35頁(一部改変)

49) Jacobs, J., *The death and life of great American cities*, Vintage Books, 1961

J.ジェイコブズ，山形浩生訳『アメリカ大都市の死と生』鹿島出版会，2010

50) 中村攻『子供はどこで犯罪に合っているのか－犯罪空間の実情・要因・対策』晶文社，2000

51) Jeffey, C., *Crime Prevention Through Environmental Design*, Beverly Hills, CA, 1971

52) Clarke, R.(eds.), *Situational Crime Prevention : Successful Case Studies*, Harrow & Heston, Albany, New York, 1992

53) 大野隆造・近藤美紀「視線輻射量と防犯性の評価－住民の視覚的相互作用を考慮した集合住宅の配置計画に関する研究(その1)」日本建築学会計画系論文集 No.467，1995，148頁・図7の一部，149頁・図8の一部

- 湯川利和『まもりやすい集合住宅－計画とリニューアルの処方箋』学芸出版社，2001
- 大野隆造「構築環境と犯罪」『学術の動向』Vol.10(No.10)，2005，16-20頁
- 清永賢二・大野隆造編『暮らしの防犯と防災』日本放送出版協会，2006
- 越智啓太編『犯罪心理学』朝倉書店，2005
- R.シュナイダー，T.キッチン編，防犯環境デザイン研究会訳『犯罪予防とまちづくり－理論と米英における実践』丸善，2006
- 小林茂雄／東京都市大学小林研究室『街に描く－落書きを消して合法的なアートをつくろう』理工図書．2009

9. 予防災害

54) 清永賢二・大野隆造『暮らしの防犯と防災』日本放送出版協会，2006，100頁・図9-1

55) 世田谷区「世田谷区地震防災マップ」，http://www.city.setagaya.tokyo.jp/030/pdf/5593_6.pdf

- 池田謙一『緊急時の情報処理』東京大学出版会，1986
- 福島駿介『琉球の住まい』丸善，1993
- 室崎益輝『建築防災・安全(現代建築学)』鹿島出版会，1993
- 野沢正光・小玉祐一郎・圓山彬雄・槌屋治紀・福島駿介『居住のための建築を考える』建築資料研究社，1994
- 廣井脩『災害情報と社会心理』北樹出版，2004
- 鈴木康弘「ハザードマップの基礎知識」『地理』Vol.49，2004，26-31頁
- 広瀬弘忠『人はなぜにげおくれるか－災害の心理学』集英社新書，2004
- 日本建築学会編『安全・安心のまちづくり』丸善，2005
- 大野隆造・藤井聡・青木義次・大佛俊泰・瀬尾和大『地震と人間 (シリーズ〈都市地震工学〉7)』朝倉書店，2007

10. 共同生活

56) Thiel, P., *People, People, Paths, and Purposes : Notations for a Participatory Envirotecture*, University of Washington Press, 1997, p.113

57) Maslow, A., "A Theory of Human Motivation," *Psychological Review*, Vol.50, 1943, pp.370-396

58) Pirkl, J., *Transgenerational Design : Products for an Aging Population*, an Nostrand Reinhold, 1994, p.34(一部改変)

59) Moor, G., *Designing Environments for Handicapped Children*, Educational Facilities Lab. New York, 1979, pp.43-44

60) 袁逸倩・大野隆造「子供の遊び行動と空間の対応に関する研究」日本建築学会大会学術講梗概集

(E-1), 1995, 814頁・図3
61) 鷲海祐太・小林美紀・坪田慎介・添田昌志・大野隆造「居住地域の環境と乳幼児を連れた親の外出行動との関係」日本建築学会大会学術講演梗概(E-1), 2009, 906頁・表4
62) 総理府編『障害者白書 平成7年度版』1995, 3-12頁
63) 国土交通省『新バリアフリー新法』, http://www.mlit.go.jp/jutakukentiku/build/barrier-free.html
64) ノースカロライナ州立大学のユニバーサルデザインセンター, http://www.ncsu.edu/project/design-projects/udi/
65) J.ギブソン, 古崎敬訳『生態学的視覚論−ヒトの知覚世界を探る』サイエンス社, 1986
- 吉田あこ『建築設計と高齢者・身障者』学芸出版社, 1983
- 佐々木正人『アフォーダンス−新しい認知の理論』岩波書店, 1994
- 浅野房世・亀山始・三宅祥介『人にやさしい公園づくり』鹿島出版会, 1996
- 小川信子・野村みどり・阿部祥子・川内美彦『先端のバリアフリー環境−カリフォルニアにみるまちづくり』中央法規出版, 1996
- 川内美彦『バリア・フル・ニッポン−障害を持つアクセス専門家が見たまちづくり』現代書館, 1996
- 仙田満『対訳 こどものためのあそび空間』市ヶ谷出版社, 1998
- 梶本久夫監修『ユニバーサルデザインの考え方−建築・都市・プロダクトデザイン』丸善, 2002
- 日本人間工学会編『ユニバーサルデザイン実践ガイドライン』共立出版, 2003
- 織田正昭『高層マンション子育ての危険−都市化社会の母子住環境学』メタモル出版, 2006
- 岡本耕平・若林芳樹・寺本潔編『ハンディキャップと都市空間−地理学と心理学の対話』古今書院, 2006

参考图书

- D.カンター, 乾正雄編『環境心理学とはか』彰国社, 1972
- D.カンター, 宮田紀元・内田茂訳『建築心理学講義』彰国社, 1979
- Ittelson, W., Proshansky, H., Rivlin, L., Winkel, G., *An Introduction to Environmental Psychology*, Holt, Rinehart and Winston, New York, 1974
  W.イッテルソン, H.プロシャンスキー, L.リブリン, G.ウインケル, 望月衛訳『環境心理学の基礎』彰国社, 1977
  W.イッテルソン, H.プロシャンスキー, L.リブリン, G.ウインケル, 望月衛・宇津木保訳『環境心理学の応用』彰国社, 1977
- Zeisel J., *Inquiry by Design : Tools for environment-behavior research*, Cambridge University Press, Cambridge, 1981
  J.ツァイゼル, 根建金男・大橋靖史訳『デザインの心理学』西村書店, 1995
- C.アレグザンダー, 平田翰那訳『パタン・ランゲージ−環境設計の手引』鹿島出版会, 1984
- Lang, J., *Creating Architectural Theory : The Role of the Behavioral Sciences in Environmental Design*, Van Nostrand. Reinhold, New York, 1987
  J.ラング, 高橋鷹志監訳, 今井ゆりか訳『建築理論の創造−環境デザインにおける行動科学の役割』鹿島出版会, 1992
- アラン・ウイッカー, 安藤延男監訳『生態学的心理学入門』九州大学出版会, 1994
- 中島義明, 大野隆造編『人間行動学講座第3巻 すまう−住行動の心理学』朝倉書店, 1996
- Gifford, R., *Environmental Psychology*, Boston, MA, Allyn & Bacon, 1997
  R.ギフォード, 羽生和紀・槙究・村松陸雄監訳『環境心理学−原理と実践(上・下巻)』北大路書房, 2005
- 高橋鷹志・西出和彦・長沢泰『環境と空間』朝倉書店, 1997
- 日本建築学会編『人間環境学−よりよい環境デザインへ』朝倉書店, 1998
- 日本建築学会編『建築・都市計画のための空間計画学』井上書院, 2000
- 日本建築学会編『建築設計資料集成「人間」』丸善, 2003
- 槙究『環境心理学−環境デザインへのパースペクティブ』春風社, 2004
- 日本建築学会編『建築・都市計画のための空間学事典 改訂版』井上書院, 2005
- 南博文『環境心理学の新しいかたち』誠信書房, 2006
- 佐古順彦・小西啓史編『環境心理学』朝倉書店, 2007

- 高橋鷹志・西村伸也・長澤泰『環境とデザイン』朝倉書店，2008
- 羽生和紀『環境心理学－人間と環境の調和のために』サイエンス社，2008
- 岩田紀編『快適環境の社会心理学』ナカニシヤ出版，2001
- 高橋鷹志・鈴木毅・長澤泰『環境と行動』朝倉書店，2008
- 西出和彦『建築計画の基礎－環境・建築・インテリアのデザイン理論』数理工学社，2009
- 大佛俊泰・藤井晴行・宮本文人『建築計画学入門－建築空間と人間の科学』数理工学社，2009
- 日本建築学会編『生活空間の体験ワークブック－テーマ別建築人間工学からの環境デザイン』彰国社，2010

作者简介

大野隆造

日本东京工业大学建筑学专业博士课程毕业,获工学博士学位。

现为日本东京工业大学综合理工学研究科人间环境系统专攻教授。

主要著作有《人间行为学讲座》第3卷《居住》(编著),朝仓书店,1996;《生活防范与防灾知识》(合著),日本放送出版社协会,2006;《地震与人类(系列〈城市地震工程学〉)》(编著),朝仓书店,2007;阿摩斯·拉普卜特《文化特性与建筑设计》(合译),彰国社,2008等。

小林美纪

日本神户大学大学院自然科学研究科环境科学专业,博士(工学)。

现为东京工业大学大学院综合理工学研究科特别研究员、东京电机大学兼职讲师、放送大学兼职讲师、日本工业大学兼职讲师。

主要著作有《人间环境学——向更好的环境设计出发》(部分),朝仓书店,1998;《空间要素——世界的建筑·城市设计》(部分),井上书院,2003;《建筑·城市规划领域的空间学百科词典(修订版)》(部分),井上书院,2005等。